FREDERIKE PROBERT

MISSION
FEMALE

Frauen. Macht. Karriere.

FREDERIKE PROBERT

MISSION
FEMALE

Frauen. Macht. Karriere.

Frankfurter Allgemeine Buch

Bibliografische Information der Deutschen Nationalbibliothek
Die Deutsche Nationalbibliothek verzeichnet diese Publikation in der Deutschen
Nationalbibliografie; detaillierte bibliografische Daten sind im Internet über
http://dnb.d-nb.de abrufbar.

Frankfurter Allgemeine Buch

Copyright: FAZIT Communication GmbH
Frankfurter Allgemeine Buch, Frankenallee 71–81,
60327 Frankfurt am Main

Umschlag, Layout und Satz: Zarka Ghaffar
Titelgrafik: © Franz Grünwald
Druck: CPI books GmbH, Leck
Printed in Germany

1. Auflage, Frankfurt am Main 2020
ISBN: 978-3-96251-079-4

Unter Mitarbeit von Dr. Petra Begemann,
Bücher für Wirtschaft + Management, www.petrabegemann.de

01 | EINSTIEG
STARK STARTEN: DIE ENGAGIERTE

02 MITTLERES MANAGEMENT ERFOLGE EINFAHREN: DIE KÄMPFERIN

03 | TOPMANAGEMENT
GRÖSSE ZEIGEN: DIE ERHABENE

VORWORT

von Tina Müller
(CEO Douglas GmbH)

Meine erste Begegnung mit einer erfolgreichen Managerin fällt in das Jahr 1989. Im Unternehmen, in dem ich mein erstes Praktikum absolvierte, arbeitete eine Marketingleiterin – versiert, durchsetzungsstark, mit toller Ausstrahlung. Sie war damals die einzige Frau auf diesem Karrierelevel und beeindruckte mich tief. Mit dem Übermut der Abiturientin dachte ich: So etwas würde ich auch gerne machen! Dass dieser Wunsch tatsächlich in Erfüllung ging, hat viele Ursachen. Ohne Leistung, hohes Engagement und Willensstärke steigt niemand auf. Man braucht Fürsprecher, ein Netzwerk, das Türen öffnet, Gelegenheiten, zu denen man sich präsentieren kann. Nicht zuletzt braucht man den Mut, sich immer wieder neuen, herausfordernden Aufgaben zu stellen.

Jeder, der Karriere macht, muss Gegenwind aushalten. Doch auch heute noch, über 30 Jahre nach meiner ersten Begegnung mit einer leitenden Managerin, bläst dieser Gegenwind Frauen mitunter heftiger ins

Gesicht als ihren männlichen Kollegen. Streben Männer nach oben, feiert man sie als Macher. Tun Frauen dasselbe, gelten sie als ‚besonders ehrgeizig' und werden kritisch beäugt. Das trifft umso mehr zu, je höher eine Frau steigt und je exponierter sie ist. Was bei einem Mann an der Unternehmensspitze als Stärke interpretiert wird, gilt bei einer Frau schnell als persönliche Härte, selbst wenn die wirtschaftlichen Beweggründe sich gleichen. Ändern wird sich dies erst, wenn Frauen auf allen Unternehmensebenen Normalität sind. Viele Organisationen befinden sich bereits auf einem guten Weg dahin, denn langsam setzt sich die Erkenntnis durch, dass Vielfalt im Management handfeste ökonomische Vorteile hat. „Diversity", ob bei Alter, Ethnie, Geschlecht und weiteren Kriterien, ist keine Managementmode, sondern der Schlüssel zu besseren Lösungen. Wie wollen Unternehmen mit personellen Monokulturen zeitgemäße Antworten auf Kundenbedürfnisse in einer globalisierten, vielfältigen Welt finden?

Doch bis Frauen in Führungspositionen wirklich Normalität sind – bis sie tatsächlich an ihren Ergebnissen gemessen werden und nicht daran, was sie „als Frau" tun oder nicht tun –, braucht es Bücher wie dieses. Frederike Probert zeichnet den Weg einer Frauenkarriere vom Einstieg bis ins Topmanagement nach. Sie tut dies kenntnisreich und vor dem Hintergrund ihrer eigenen Laufbahn. Ihr besonderes Verdienst ist, dass sie den Blick darauf lenkt, wie sich in unterschiedlichen Karrierephasen verschiedene Herausforderungen stellen, und strategische Hinweise gibt, wie ambitionierte Frauen ihnen begegnen. Unternehmen sollten Frauen in diesem Prozess stärken, wenn sie es ernst meinen mit der gleichberechtigten Teilhabe. Auch hierzu hält dieser Band zahlreiche Anregungen bereit. Als Gründerin und CEO der Netzwerkorganisation Mission Female weiß Frederike Probert zudem, wie zentral eine professionelle Vernetzung für jede Frau ist, die „nach oben" will: Es reicht nicht, kompetent zu sein. Man (bzw. frau) muss auch sichtbar sein. Ich empfehle dieses Buch allen Leserinnen, die das Abenteuer Karriere wagen. ∎

DIE GENERATION GOLFPLATZ GEHT,
DIE STUNDE DER FRAUEN KOMMT

„Es ist gut zu wissen, dass man eigentlich alles machen kann. Man muss nur damit anfangen."

Julie Deane
Unternehmensgründerin

Die Stunde der Frauen kommt? Zugegeben: Das wurde auch schon vor zehn, zwanzig oder dreißig Jahren behauptet, meist verbunden mit einem Loblied auf die sozialen Kompetenzen der Frauen (etwa Teamorientierung, Einfühlungsvermögen, Multitasking), die am Arbeitsmarkt wichtiger seien als je zuvor – gerade in der Führung! Bisher kommen etliche Führungsetagen allerdings noch ganz gut ohne Frauen aus. Knapp die Hälfte aller sozialversicherungspflichtig Beschäftigten hierzulande ist weiblich.[1] Doch je höher es auf der Karriereleiter geht, desto geringer wird der Frauenanteil. Das Wirtschaftsmagazin *brand eins* illustrierte den Verlauf von „Männer- versus Frauenkarrieren" einmal kommentarlos durch eine Reihe von Tortendiagrammen. Beim Hochschulabschluss stehen Frauen noch gut da (51 Prozent), doch dann schrumpft ihr Stück vom Kuchen kontinuierlich: 2015 besetzten sie ein rundes Drittel aller Führungspositionen, aber nur 15 Prozent im mittleren Management und 10 Prozent aller Aufsichtsratsposten. In den Vorständen entfielen zu dieser Zeit auf die Frauen mit 3 Prozent nur noch ein paar magere Krümel, um im Tortenbild zu bleiben.[2] Doch langsam aber sicher kommen die Dinge in Bewegung. Im September 2019 meldete die Deutsch-schwedische *AllBright Stiftung* einen Frauenanteil von immerhin 9,3 Prozent in den Vorständen der börsennotierten Unternehmen. In den Aufsichtsräten war es dank der Ende 2014 beschlossenen 30-Prozent-Quote sogar ein knappes Drittel.[3] Es gibt also Anlass zu verhaltenem Optimismus.

ALS LÖWIN GESTARTET, ALS KÄTZCHEN GELANDET?

Zum Gesamtbild gehört allerdings auch, dass sich 58 aller 160 DAX-Unternehmen auch 2019 noch die „Zielgröße Null" für ihren Vorstand gesetzt hatten, darunter klingende Namen wie BayWa, Deutsche Wohnen, Fielmann, Jenoptik, Klöckner, Rhön Klinikum, RWE, Südzucker, Varta und Zalando.[4] Zur Erinnerung: Seit 2016 ist das „Gesetz für die gleichberechtigte Teilhabe von Frauen und Männern an Führungspositionen" in Kraft. Es sieht eine 30-Prozent-Quote in den Aufsichtsräten börsennotierter und paritätisch mitbestimmter Unternehmen vor. Zusätzlich müssen Firmen mit mehr als 500 Mitarbeitern seitdem eine verbindliche Zielgröße von Frauen im Vorstand definieren. Dort, also im operativen Management, verzichten etliche Unternehmen quer durch alle Branchen mit der Zielgröße Null komplett auf Frauen. Das gilt selbst in Bereichen, in denen Frauen in der Belegschaft oder als Kundinnen stark vertreten sind oder sogar dominieren. Ein Selbstläufer ist „Gender Diversity" also nach wie vor nicht, denn auch der Gesamtanteil von Frauen in Führungspositionen stagniert und wird von der Bundesagentur für Arbeit für 2018 sogar nur noch mit 27 Prozent beziffert.[5] Mit Blick auf individuelle Karriereverläufe lässt sich also zusammenfassen: Frauen starten stark, mit guten Noten und hohen Bildungsabschlüssen.[6] Doch dann fallen sie nach und nach aus dem System. Sie starten als Löwin und landen als Kätzchen – in der Sachbearbeitung und überproportional häufig in der Teilzeit. 48 Prozent aller Frauen, aber nur 11 Prozent aller Männer arbeiten Teilzeit. In Haushalten mit minderjährigen Kindern sind es sogar rund elf Mal so viele Frauen wie Männer (66 Prozent gegenüber knapp 6 Prozent).[7]

WILLKOMMEN IN DER TEILZEITFALLE!

Auch im 21. Jahrhundert sind Kinder überwiegend Frauensache, und die Schalthebel der Macht bleiben ganz überwiegend in männlicher Hand.

Das mag zum Teil mit unterschiedlichen Lebensmodellen zusammen-hängen. Nicht jede und jeder – auch nicht jeder Mann – will schließlich Karriere machen, und das ist ganz okay. Das allein erklärt jedoch nicht, warum die ehrgeizigen Schülerinnen, Studentinnen und Jobeinsteige-rinnen in den Unternehmen plötzlich in so großer Zahl zu bescheidenen Sachbearbeiterinnen mutieren. Auch gesellschaftliche Rahmenbedin-gungen, wie die nach wie vor lückenhafte Kinderbetreuung oder ein Steuersystem, das mit dem Ehegattensplitting die Teilzeit- oder Haus-frauen- (und zumindest theoretisch auch) Hausmann-Ehe belohnt, sind aus meiner Sicht unzureichende Erklärungsansätze. Über 15 Jahre in Unternehmen diesseits und jenseits des Atlantiks, in unterschiedlichen Funktionen und Karrierestufen von der Mitarbeiterin im Sales über die Key Account-Managerin, Regionaldirektorin und Country-Managerin bis zur eigenen Unternehmensgründung haben mir die Augen geöffnet für die Tücken und Fallstricke einer Frauenkarriere. Ich habe selbst Lehr-geld bezahlt, daraus meine Schlüsse gezogen und nebenbei rechts und links viele Frauen erlebt, die sich müde kämpften und irgendwann das Handtuch warfen. Dabei gibt es meiner Beobachtung nach zwei entschei-dende Wendepunkte – kritische Schwellen, an denen sich der weitere Karriereverlauf entscheidet: erstens den Übergang von der Einstiegspo-sition und erster Führungsverantwortung (etwa einer Team- oder Grup-penleitung) ins Mittelmanagement und zweitens den Aufstieg von dieser Managementposition an die Unternehmensspitze, ins Topmanagement (also in die Geschäftsführung, den Vorstand oder Aufsichtsrat).

WENDEPUNKTE UND SPIELREGELN EINER KARRIERE

An den Wendepunkten „Aufstieg ins Mittelmanagement" und „Aufstieg ins Topmanagement" ändern sich die Spielregeln im Job, und das ist es, was viele Frauen stolpern lässt. Das soll nicht heißen, dass Männer bei diesen Karriereübergängen nicht auch stolpern können. Doch solange Männer die überwiegende Mehrheit auf den mittleren und oberen Unternehmensetagen stellen und sich dabei in einer langen Tradition wissen, besitzen sie einen entscheidenden Vorteil: Männer scheitern immer als Einzelne, Frauen scheitern immer „als Frau". Oder haben Sie schon einmal die Frage gehört, ob „ein Mann das denn könne", diese oder jene Managementposition bekleiden? Mir fällt da allenfalls der Posten des Frauenbeauftragten ein. Und selbst wenn man die Frage nach der grundsätzlichen Eignung von Frauen in der Führung heute nicht mehr laut stellt – schließlich leben wir in Zeiten der Political Correctness –, die klassischen Geschlechterstereotype sitzen tief, und das nicht nur bei Männern. Einem „Unconscious Bias" der Selbststereotypisierung unterliegen auch viele Frauen, wie wir im Verlauf des Buchs noch sehen werden. Das alles macht es für Frauen nach wie vor schwieriger, nach der Macht zu greifen. Denn welches Spiel gespielt wird, bestimmt die Mehrheit, daran ändern auch wohlklingende Leitbilder und hehre Absichtserklärungen in Sachen Diversity wenig. Während junge Frauen in Schule und Ausbildung und auch noch beim Jobeinstieg für ihren systemkonformen Fleiß belohnt werden, werden spätestens bei der Besetzung der Abteilungsleitung die Karten neu gemischt. Fleiß ist hier nicht nur kein Primärkriterium, sondern womöglich sogar kontraproduktiv. Welche Führungskraft möchte schon qua Beförderung jemanden verlieren, der ihr Tag für Tag klaglos Berge von Arbeit wegschafft?

Ich spreche da durchaus aus eigener Erfahrung. Am Anfang meiner Karriere konnte ich schnell Erfolge erzielen. Ich war fleißig, zuverlässig, ehrgeizig und konnte zudem sehr gut mit Kunden umgehen. Alles typisch weibliche Eigenschaften. Im Laufe der Jahre realisierte ich aber, dass es auf diese Eigenschaften nicht mehr ankommt, wenn man über die fachliche Entwicklung hinaus auch aktiv die Karriereleiter erklimmen will. Hier zählen selbstbewusstes Auftreten, Handlungsorientierung und Durchsetzungsstärke, das energische Anmelden von Ansprüchen. Leider alles Eigenschaften, die Frauen nicht unbedingt zum Vorteil gereichen. In diesem neuen System fühlen Männer sich pudelwohl, und ihnen kreidet auch niemand ein dominanteres Auftreten an. Wenn man sich vom mittleren Management ins Topmanagement entwickeln will, kommen wieder andere Qualitäten ins Spiel. Man muss gut vernetzt sein, taktisch versiert, im Hintergrund die Strippen ziehen und Unterstützer gewinnen können. Viel deutet darauf hin, dass die erste Generation von Frauen, die in den Jahren 2010 bis 2015 in die Vorstände berufen wurde und in jedem zweiten Fall schon nach zwei Jahren das Unternehmen wieder verließ,[8] an dieser Klippe gescheitert ist: als Neuling ohne Hausmacht, von außen auf ein Querschnittsressort (gern: Personal oder Kommunikation) berufen, als Frau sehr kritisch beäugt und überdies abhängig von der Unterstützung der anderen Ressorts. Wenn dann noch eine „unweibliche" Vorliebe der neuen Vorständin für klare Worte hinzukommt, ist ihr Schicksal schnell besiegelt (vgl. dazu Teil III: „Größe zeigen: Die Erhabene").

Abbildung 1 verdeutlicht den typischen Karriereverlauf von der Einstiegsposition über das Mittelmanagement und von dort an die Unternehmensspitze sowie die kritischen Übergänge dazwischen. Damit ist zugleich die Grundstruktur dieses Buchs beschrieben. Es geht den karriereentscheidenden Faktoren der verschiedenen Abschnitte nach und gibt Frauen Handlungsempfehlungen für das Meistern der kritischen Übergangsphasen. Denn nur, wer die Regeln kennt, kann erfolgreich mit ihnen umgehen, sie situativ für sich nutzen und vielleicht auch mal geschickt unterlaufen. Gleichzeitig fragt das Buch danach, was Unternehmen tun können, um Frauen tatsächlich das Einbringen ihres Engagements und ihrer Ideen zu ermöglichen. Es geht hier nicht um „Frauenförderung" – ein Begriff, der auch so verstanden werden kann, als müsse man einer weniger begabten Gruppe mühsam aufs Pferd helfen. Dass ein höherer Frauenanteil in den Unternehmensspitzen sich auch wirtschaftlich auszahlt, haben verschiedene Studien längst eindrucksvoll belegt, etwa *McKinsey* unter dem Stichwort „Women matter" kontinuierlich seit 2007 und 2018 unter dem Titel „Delivering through Diversity". Wenn die angeblich sachorientierten und rein rationalen Entscheidungsgremien dem zum Trotz nicht mehr Frauen in Toppositionen bringen (Stichwort „Zielgröße Null"), spricht das erneut für das Beharrungsvermögen tradierter Rollenklischees, Führungsbilder und Machtverhältnisse. Das Ziel muss sein, eine Unternehmenskultur zu schaffen, in der sich sowohl Männer als auch Frauen voll entfalten und ihre Stärken einbringen können. Und dies im Zusammenspiel miteinander, um den höchstmöglichen Nutzen für das Unternehmen zu erzielen.

KARRIEREPHASEN

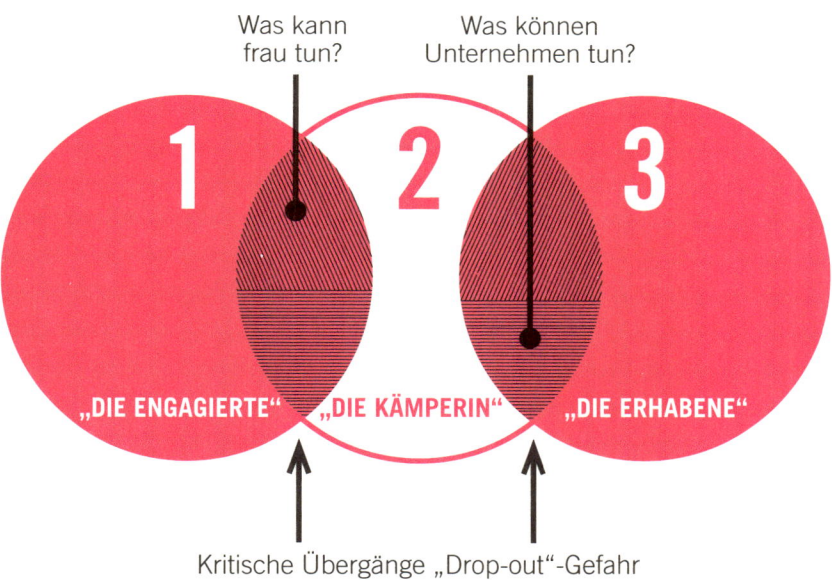

Abbildung 1: Karrierephasen und kritische Übergänge

DIE GUNST DER STUNDE

Was spricht bei alledem dafür, dass nun tatsächlich die Stunde der Frauen gekommen ist? Ein mächtiger Faktor ist schlicht die Demografie. 2018 war ein knappes Drittel der Führungskräfte in Deutschland zwischen 51 und 60 Jahre alt (32,8%), ein Sechstel war zwischen 61 und 70 (17,1%), knapp 7 Prozent saßen sogar mit 71 und mehr Jahren noch auf dem Chefsessel.[9] Knapp die Hälfte der Generation Golfplatz (wie ich sie nenne) wird sich in den nächsten Jahren in den Ruhestand verabschieden: Die Babyboomer der geburtenstarken Nachkriegsjahrgänge 1946 bis 1964 ziehen sich aus dem Berufsleben zurück. Gleichzeitig stehen die Millennials, also die Männer und Frauen, die zwischen 1981 und 1996 geboren wurden, am Scheideweg ihrer Karriere. 2020 sind sie zwischen 24 und 39 Jahre alt, also im Jobeinstieg oder schon auf dem Sprung ins Mittelmanagement. Bis 2030 werden die Ehrgeizigsten von ihnen Ambitionen auf das Topmanagement anmelden. Aufgrund der seit 1964 stetig sinkenden Geburtenraten hinterlässt die Nachkriegsgeneration zudem eine große Lücke. Das gilt übrigens auch für den inhabergeführten Mittelstand, der häufig händeringend nach einem Nachfolger (oder einer Nachfolgerin) sucht, weil die Chefriege auch hier in die Jahre gekommen ist. Allein bis Ende 2020 sollten laut der *Kreditanstalt für Wiederaufbau (KfW)* weit mehr als 200.000 Unternehmen in neue Hände gegeben werden.[10] Verschärft wird die Situation dadurch, dass die Enkelinnen und Enkel der Babyboomer dem klassischen Karrieremodell vielfach skeptisch gegenüberstehen. Diese Alltagsbeobachtung wird von einer groß angelegten Untersuchung der *Manpower Group* untermauert. 2016 befragte der Personaldienstleister 19.000 berufstätige Millennials in 25 Ländern weltweit (Europa, Asien, Australien, Nord- und Südamerika). Nur 13 Prozent der Befragten in Deutschland nannten in der Studie „Millennials im Karriere-Marathon" dabei die Übernahme einer Führungsrolle als Karriereziel, 33 Prozent wollten vor allem „mit tollen Menschen zusammenarbeiten". Weltweit zählt Deutschland damit zu den Ländern mit der niedrigsten Neigung zu Führungspositionen.[11]

In Summe bedeutet all das: Immer mehr ausscheidenden Führungskräften stehen immer weniger führungswillige Nachwuchskräfte gegenüber. Kein Wunder, dass die ersten Arbeitsmarktexperten nach dem Fachkräftemangel nun auch den Führungskräftemangel zum Thema machen.[12] Der Firmen Leid könnte der Frauen Freud sein, denn wo mehr Bedarf ist, sollten auch ihre Chancen steigen. Das gilt aber nur, wenn diejenigen unter ihnen, die Lust auf Karriere, Führung und Verantwortung haben, ihre Ansprüche anmelden und sich von zählebigen Rollenmustern sowie männlich dominierten Führungskulturen nicht ausbremsen lassen. Es funktioniert, wenn Nachwuchskräfte nicht blauäugig in die Unternehmen stolpern, weil sie überzeugt sind, die Gleichberechtigung sei doch längst verwirklicht und die Geschlechterfrage nur etwas für verbitterte Feministinnen über 50, die nicht geschnallt haben, dass sich ihr Anliegen längst erledigt hat. Es gilt, wenn Frauen im Mittelmanagement sich nicht länger erfolglos verschleißen, weil sie unbeirrt glauben, fachliche Erfolge sprächen für sich, und darüber das Netzwerken und die Eroberung der Unternehmensbühnen versäumen. Und es funktioniert, wenn Frauen im Topmanagement nicht mehr einsame Kämpferinnen (englisch „Onlys") bleiben, die von einer Männerriege misstrauisch beäugt und gern mit Querschnittsressorts wie Personal abgespeist werden. Leider sind wir auf all diesen Ebenen noch nicht so weit, sonst sähe es auf den Teppichetagen der Unternehmen anders aus. Dann würde nicht jede Frau, die es an die Spitze schafft (wie etwa Jennifer Morgan bei SAP im Herbst 2019 als erste Vorsitzende eines DAX-Konzerns*), in der Wirtschaftspresse als Sensationsmeldung gehandelt.

Heute werden die Weichen gestellt, wer zukünftig die Wirtschaft lenkt. In meiner Vorstellung sind das Teams aus Männern und Frauen verschiedenster Herkunft, die ihre Stärken einbringen können, ohne dass eine Gruppe oder eine Seite einseitig die Regeln diktiert. Das ist kein Gefallen an die Frauen oder andere „Minderheiten", sondern ein Gebot wirtschaftlicher Vernunft: Nur Unternehmen, die Vielfalt und Inklusion nicht nur im Leitbild führen, sondern unterschiedliche Kompetenzen und Blickwinkel integrieren können, werden langfristig am Markt erfolgreich sein. Die Unternehmen müssen auch in ihren Entscheidungsgremien so vielfältig werden wie ihre Kunden. Wir sollten jetzt die Organisationskulturen schaffen, in denen Frauen sich in ihrer Karriere respektiert

*Am 21. April 2020 teilte SAP mit, dass Jennifer Morgan das Unternehmen zum Ende des Monats verlässt. Der Aufsichtsratsvorsitzende Hasso Plattner hatte dem Modell einer Doppelspitze überraschend nach nur einen halben Jahr angesichts der Krise eine Absage erteilt.

fühlen und nicht politische Kämpfe in Bezug auf ihr Geschlecht führen müssen. Das kostet nur unnötig wertvolle Energie und nützt weder ihnen noch den Unternehmen.

Was diese ganz konkret tun können, um Karriere und Aufstieg für Frauen ebenso selbstverständlich zu machen wie für Männer, ist daher ebenfalls Thema des Buchs. Solche praktischen Maßnahmen bewähren sind zugleich als Nagelprobe für gelebte Chancengleichheit. Neben einem Blick auf die augenblickliche Besetzung der Chefposten können sie jeder Frau als Messlatte dienen: Ist „Diversity" in dieser Organisation gelebter Alltag oder doch nur ein Thema für Reden auf der Weihnachtsfeier und in Recruiting-Werbebroschüren? ▌

01 EINSTIEG STARK STARTEN: DIE ENGAGIERTE

» Stehvermögen ist mindestens genauso wichtig wie kreatives Potenzial. «

KARRIEREVERSPRECHEN: „DIE WELT STEHT DIR OFFEN"

Seit der Gründung von „Mission Female" 2019 gebe ich regelmäßig Interviews in der Wirtschaftspresse zur Zielsetzung des von mir initiierten Business-Netzwerks. Bei uns unterstützen sich Führungsfrauen tatkräftig gegenseitig und verhelfen sich so zu mehr beruflichem Erfolg, immer mit der Mission, die Anzahl von Topmanagerinnen im deutschsprachigen Raum signifikant zu erhöhen. Davon profitieren auch Mitarbeiterinnen im unteren und mittleren Abschnitt der Karriereleiter durch aktive Förderung und eine heterogene Arbeitskultur, nicht zuletzt auch durch weibliche Rollenvorbilder. Role Models zeigen, was möglich ist in einer männlich dominierten Führungswelt, in der es für Frauen noch viele Hürden zu überwinden gilt. All das erkläre ich im Interview einer jungen Journalistin Mitte 20. Sie zeichnet meine Ausführungen pflichtschuldig auf, runzelt dabei gelegentlich die Stirn. Schweigt. Am Ende des Interviews legt sie ihr Aufnahmegerät beiseite, schaut mich an und sagt: „Aber das stimmt doch alles gar nicht! Mein Chef ist nett, und ich kann machen, was ich will. Ich werde in meinem Job nicht benachteiligt. Und schon gar nicht, weil ich eine Frau bin."

WIE DER BLICK ZURÜCK DEN BLICK NACH VORN VERSTELLT

Die Redakteurin, in ihrem ersten Job beim Kundenmagazin eines DAX30-Unternehmens, ist kein Einzelfall. Viele junge Frauen reagieren ähnlich skeptisch, wenn es um Chancengleichheit geht. Wir leben schließlich im 21. Jahrhundert, Gleichberechtigungsdiskussionen haben sich aus ihrer Sicht längst erledigt. Die spätere Bundesfamilienministerin Kristina Schröder schrieb schon Ende der Neunzigerjahre in der Abiturzeitung ihrer Schule, sie wolle „Ehe, Kinder und Karriere unter einen Hut bringen, ohne dass irgendein Teil darunter leidet und ohne jemals zur Feministin zu werden".[1] Spreche ich dagegen mit Frauen ab Mitte

40, Anfang 50, ernte ich ganz andere Reaktionen. „Ich kann es manchmal nicht fassen, dass wir heute noch über dieselben Fragen diskutieren wie vor 25 Jahren: Ob Frauen nicht führen können oder nicht führen wollen. Ob die Quote gerecht ist. Wie Frauen Karriere und Kinder verbinden. Männer fragt das nach wie vor niemand", so eine erfolgreiche Managerin aus dem Mittelstand: „Es ist erschreckend, wie wenig sich faktisch geändert hat." Zwischen der hoffnungsfrohen Jobstarterin und der desillusionierten Managerin liegen 30 Jahre Erfahrung, Platz genug für viele Erlebnisse, die das eigene Weltbild verändern und Zweifel aufkommen lassen, ob Gender-Diskussionen wirklich in die feministische Mottenkiste gehören. Eine Ärztin Anfang Dreißig, die nach Bestnoten im Abi, im Studium und erfolgreicher Promotion an einer großen Klinik arbeitet, erfährt, dass sie und andere Frauen im „gebärfähigen" Alter sich von einem 6-Monatsvertrag zum anderen hangeln, während die männlichen Kollegen gleich zum Jobstart einen 3-Jahresvertrag bekommen. Sie spricht davon, dass ihre „feministische Wut" erwacht sei und ergänzt: „Ich dachte immer: Solange ich mich ins Zeug lege, kann ich alles erreichen, was ich will. Dass mein Geschlecht einen Einfluss auf meine Zukunftschancen haben könnte, insbesondere in der Arbeitswelt, der Gedanke war mir total fremd."[2]

Wer wollte jungen Frauen von heute ihren Optimismus verdenken? Leistungsorientiert, fleißig und ohne groß anzuecken sind die meisten von ihnen bis zum Jobeinstieg durch die Bildungsinstitutionen marschiert. In der Schule trafen sie überwiegend auf Lehrerinnen und Lehrer, die froh waren über die im Schnitt ruhigeren Mädchen und ihre Leistungen angemessen honorierten. Mit guten Noten in der Tasche haben sie in den letzten Jahrzehnten die Universitäten erobert. Waren bis 1960 noch über drei Viertel der Studierenden Männer, ist das Geschlechterverhältnis heute ausgewogen, wenn auch nach Studienfächern sehr unterschiedlich.[3] Praktika, Auslandsaufenthalte, Erasmus-Programme oder die Ausbildung in einem renommierten Unternehmen, die Welt steht dem weiblichen Nachwuchs offen. Diskussionen darüber, ob ein

Mädchen überhaupt die höhere Schule besuchen oder gar studieren solle, weil es „ja doch heiratet", kennen sie allenfalls aus Erzählungen ihrer Großmütter. Bisher war alles leicht. Warum sollte es so nicht weitergehen? Sicher, dass auch in Schulen mit fast rein weiblichem Kollegium sehr häufig ein Mann im Direktorenzimmer sitzt, oder dass zwar rund 50 Prozent der Studierenden, aber weniger als 12 Prozent der Lehrenden an den Universitäten in der höchsten Gehaltsstufe C4 weiblich sind, könnte stutzig machen.[4] Aber all das ist im Zweifelsfall weit weg und berührt den eigenen Alltag kaum. Manche Erfahrungen muss man selbst machen, und es ist nur menschlich, dass der Blick nach vorne vom Blick zurück geprägt wird, wie Konfuzius schon vor 2.500 Jahren feststellte: „Erfahrung ist wie eine Laterne im Rücken. Sie beleuchtet stets nur das Stück Weg, das wir bereits hinter uns haben."

Und doch hat diese Haltung ihre Tücken, denn sie programmiert ein böses Erwachen förmlich vor. Wie wird der nette Chef der enthusiastischen Nachwuchsjournalistin wohl reagieren, wenn sie erst Karriereansprüche anmeldet und in Konkurrenz zu männlichen Kollegen oder sogar zu ihm selbst tritt? Warum hat eine ambitionierte Politikerin und Ministerin wie Kristina Schröder ihren Abi-Traum begraben und sich nach dem zweiten Kind aus dem Bundestag zurückgezogen? Und wird die junge Ärztin mit den Kettenverträgen womöglich frustriert irgendwann dem Lob eines Oberarztes folgen, der ihr jüngst empfahl, mit ihrer hohen Kompetenz und Ruhe bringe sie doch die „besten Eigenschaften" dafür mit, „Mutter zu sein".[5] Würde er einen fähigen Nachwuchsarzt wohl ebenfalls in die Familienpause komplimentieren, statt ihn zu seinem Nachfolger aufzubauen?

RETRADITIONALISIERUNG ODER ZURÜCK IN DIE ZUKUNFT

Kristina Schröder ist kein Einzelfall. Spätestens, wenn die Familiengründung naht, wird es schwierig für die karrierebewussten Frauen. Und auch hier starten viele von ihnen mit einer Illusion – dem Glauben, dass sie es selbstverständlich anders halten werden als ihre Mütter und sich nicht in die Hausfrauen- und Mutterrolle mit Teilzeitjob verabschieden. In der Praxis beobachten Wissenschaftler jedoch eine „Retraditionalisierung" der Geschlechterrollen. Die Genderforscherin Professor Paula-Irene Villa Braslavsky bezeichnet es als „Paradoxie", die in zahlreichen Studien belegt sei: Junge Männer und Frauen sagen übereinstimmend, beide wollten sich um die Familie kümmern und das Geschlecht spiele dabei keine Rolle. Wenn es dann aber so weit ist, sind es auch heute noch fast nur Frauen, die zugunsten der Familie zurückstecken. Junge Paare gingen in Deutschland „als modernes Paar in den Kreissaal hinein und kämen als Fünfziger-Jahre-Paar wieder heraus", so der Schriftsteller Jakob Hein, ehemaliger Väterbeauftragter der Berliner Charité.[6] Teilzeitquoten belegen dies ebenso wie die Aufteilung der Elternzeit in zwölf plus zwei Monate, die verräterischerweise „Vätermonate" heißen, obwohl natürlich auch Mütter für einen Kurzausstieg optieren können (mehr dazu in Teil II – der Karrierephase, in der viele Frauen sich erneut zwischen weiterem Aufstieg oder Ausstieg entscheiden). Zu diesen Befunden passt ein Ergebnis der Ernst & Young (EY) Studentenstudie 2018, für die 2.000 Studenten in 27 Universitätsstädten befragt wurden. Danach zählt bei der Wahl des künftigen Arbeitgebers die „Vereinbarkeit von Familie und Beruf" bei den Frauen zu den Top 5 der Entscheidungskriterien (auf Platz 2 hinter „Jobsicherheit"). Bei den männlichen Studenten schafft es dieser Punkt gar nicht erst unter die ersten Fünf.[7] Kein Wunder, dass von vagen Absichtserklärungen zur Aufteilung der Familienarbeit wenig übrigbleibt, wenn es irgendwann hart auf hart kommt. Vor diesem Hintergrund ist die Warnung der Co-Geschäftsführerin von Facebook, Sheryl Sandberg, nur zu berechtigt: „Ich bin felsenfest davon überzeugt, dass die mit Abstand wichtigste Karriereentscheidung, die eine Frau trifft, diejenige ist: ob sie einen Lebenspartner haben möchte und wer dieser Partner sein soll. Ich kenne keine einzige Frau in einer Führungsposition, deren Partner nicht voll und ganz – und damit meine ich voll und ganz – hinter der Karriere steht."[8]

Damit wir uns nicht missverstehen Ich bin natürlich dafür, dass jedes Paar selbst entscheidet, wie es seine Familie organisieren will. Ich bin allerdings dagegen, dass Frauen sich mit fadenscheinigen Argumenten in eine traditionelle Rolle drängen lassen. Zu diesen Argumenten gehört beispielsweise, dass der Mann ja mehr verdiene und sich angesichts des Ehegattensplittings bei der Steuer und angesichts der Kinderbetreuungskosten das Weiterarbeiten für die Frau somit finanziell ohnehin kaum lohne. Sandberg weist zu Recht darauf hin, dass diese Kalkulation kurzsichtig ist, denn sie beschränkt sich auf wenige Lebensjahre und vernachlässigt den Einkommensverlust, der bezogen auf die Lebensarbeitszeit entsteht, weil Teilzeitarbeit oder jahrelanger Komplettausstieg die Karriere der Frauen insgesamt bremst und ihr Einkommen dauerhaft senkt.[9] Wie schon betont: Eine Frau, die Karriere nicht oben in ihrer Lebensplanung hat und gerne in die Familienrolle schlüpft, verdient ebenso viel Respekt für dieses Modell wie die Kollegin, die Kinder und Karriere verbinden will, oder die Frau, die auf Kinder verzichtet. In einer idealen Welt könnten Männer wie Frauen unter diesen drei Modellen wählen, ohne sich dafür vor irgendwem rechtfertigen zu müssen. Doch Frauen müssen sich bis heute für jedes dieser Modelle erklären, sind wahlweise Heimchen am Herd, Rabenmutter oder selbstbezogen und karrieregeil. Die wenigen Hausmänner dagegen werden bewundert – man denke nur an den Pressehype um den „Spitzenvater des Jahres 2019", Daniel Eich, der für die drei gemeinsamen Kinder in Elternzeit ging, damit seine Frau Insa Thiele-Eich als erste deutsche Astronautin 2020 ins Weltall fliegen konnte. Diese Großtat wurde mit 5.000 Euro Preisgeld belohnt. Ja, was ist schon ein Flug ins Weltall gegen einen Windeln wechselnden Mann!? Und während gebärfähige Frauen und Mütter als Risikokandidatinnen gelten, sammeln Familienväter bis heute im Recruiting Seriösitätspluspunkte. Hat ein verheirateter Mann keine Kinder, muss er sich kaum wie viele Frauen Egoismus und einen übertriebenen Hang zur Selbstverwirklichung vorwerfen lassen.

An all dem sind nicht nur die Männer „schuld". Frauen wählen in der Regel Partner, die besser ausgebildet und älter sind und eben darum fast immer mehr verdienen. Das Modell „Krankenschwester heiratet Arzt" greift bis heute, hat die Wirtschaftspsychologin Melanie Steffens festgestellt, die die Fachliteratur zum Thema Geschlecht und seine Auswirkung im Arbeitsumfeld umfassend durchforstet hat. Wer unter diesen Voraussetzungen zurücksteckt, wenn Kinder da sind, ist vorhersehbar. Geschlechterstereotypen greifen eben auf beiden Seiten, bei Frauen wie Männern. Steffens Rat, karrierestrategisch müsse man Frauen raten, „einen jüngeren Mann zu wählen, der etwas weniger gebildet ist als sie oder ein Fach mit geringeren Verdienstmöglichkeiten gewählt hat", dürfte daher in der Praxis auf wenig Gegenliebe stoßen. Bis heute übernehmen Frauen auch in Doppelverdienerhaushalten zudem das Gros der Hausarbeit. Verdienen sie mehr als ihre Ehemänner, legen sie sich im Schnitt sogar noch stärker ins Zeug und der Mann beteiligt sich kaum noch. Steffens deutet das als „eine Kompensation für das männliche Ego". [10]

Die Welt ist wirklich kompliziert, und wir alle scheinen Gefangene uralter Muster und Rollenerwartungen. Gerade vor diesem Hintergrund kann man jungen Frauen nur raten, sich schon früh Gedanken über ihre Lebensprioritäten zu machen und die Aufgabenteilungen mit ihrem Partner gründlich zu klären, bevor es ernst wird mit der Familiengründung. Wer ist bereit, sich zurückzunehmen? Muss es wirklich das Eigenheim sein, oder investiert man vorläufig mehr gemeinsames Geld in gute und zuverlässige Kinderbetreuung? Häufig passiert genau diese Klärung nicht, in der Hoffnung, es werde sich schon alles regeln, wenn es so weit ist. Und dann schrumpft die eigene Welt sehr schnell von „Alles ist möglich" auf ein Eigenheim im Grünen oder die Dreizimmerwohnung in einem teuren Großstadtviertel mit guten Schulen für den Nachwuchs. Und das „Projekt Kind" ersetzt frühere Karrierepläne vollständig, statt – wie eigentlich geplant – beides miteinander zu verbinden.

KARRIEREALLTAG:
GESCHICHTEN AUS DEM WIRKLICHEN LEBEN

Auch wenn Wissenschaftler immer wieder ernüchternde Fakten zutage fördern: Berichten Frauen heute von Diskriminierungen im Job, wird das gern als Einzelfall abgetan, als Ausrutscher weniger ewig gestriger Machos oder auch als übertriebene Empfindlichkeit nach dem Motto, „If you can't stand the heat, get out of the kitchen!" Solche Verharmlosungen ignorieren, dass im Job nach wie vor bewusst oder unbewusst mit zweierlei Maß gemessen wird und Frauen auf diese Weise systematisch ausgebremst werden. Gleichzeitig wird unterschätzt, wie heiß es in der Firmenküche tatsächlich hergehen kann. Kostproben gefällig?

AUSFLUG? NUR FÜR MÄNNER!

Ganz am Anfang meiner Karriere arbeitete ich als Studentin bei einem Modeunternehmen in New York, zuerst in der Finanzabteilung, dann im Vertrieb. Zu diesem Zeitpunkt schrieb ich parallel meine Master Thesis für den MBA-Abschluss. Grundsätzlich fielen für mich nur niedere Arbeiten an: Kaffee kochen, Dateneingabe, Ablage machen und Stoffe sortieren. Zwar teilte ich der jeweiligen Abteilungsleitung mehrfach mit, dass ich im Hinblick auf mein Berufsziel mehr im Bereich Management lernen möchte, aber die Antwort lautete schlicht: „No chance". Nun kann man das auf die Stellenbeschreibung eines Praktikums oder auf fehlende Arbeitserfahrung zurückführen. Oder auch auf die Tatsache, dass ich eine Frau bin. Denn meine männlichen Mitpraktikanten hatten deutlich spannendere Projekte und waren oft mit den Vorgesetzten zusammen unterwegs – Kundentermine, Business-Lunch und hippe After-Work-Cocktails in der Rooftop-Bar nebenan. Alles Annehmlichkeiten, die man im Rahmen eines Praktikums zwar nicht erwarten kann, jedoch wenn geboten gerne annimmt. Kurzum: Ich habe mit meiner Abteilungsleitung nie einen Cosmopolitan auf der Dachterrasse des 35. Stocks geschlürft. Da habe ich zum ersten Mal realisiert, dass Männer offenbar gewisse Vorzüge im Arbeitsleben genießen. Das wurde erneut deutlich, als alle Mitarbeiter des Unternehmens für ein Wochenende nach Long Island eingeladen waren, zum Team Building – versteht sich. Ich hatte mich sehr auf dieses Incentive des Unternehmens gefreut und gehofft, dass ich während des Wochenendes eine bessere Beziehung zu den Abteilungsleitern aufbauen kann. So stand ich erwartungsfroh mit gepacktem Koffer am Treffpunkt für die Abfahrt. Eine Assistentin der Geschäftsführung zog mich aufgeregt zur Seite und ließ mir ausrichten, dass der Wochenend-Trip leider nicht für Praktikanten sei. Es handle sich hier wohl um ein Missverständnis. Natürlich war ich enttäuscht und wollte gerade mit gesenktem Kopf mit meinem Koffer nach Hause gehen, als ich bemerkte, dass die anderen Praktikanten in den Bus stiegen. Ich war die einzige weibliche Praktikantin zu der Zeit und hätte als einzige Frau vermutlich die männliche Kumpanei gestört, wie ich heute weiß. Als ich am darauffolgenden Montag meinen Mut zusammennahm und die Verantwortlichen fragte, warum das so gelaufen sei – denn ich fühlte mich ungerecht behandelt –, dröhnte es mir barsch entgegen: „You are an intern and you don't have anything to say here!" Ende der Diskussion. Daraufhin habe ich die Konsequenzen gezogen und das Unternehmen verlassen. Mitsamt der Stadt.

NA, PRINZESSIN? BIKINI NICHT VERGESSEN!

Bis heute bin ich überzeugt: Es gibt Umfelder, in denen eine Frau kein Bein auf die Erde bekommt, und wenn doch, dann nur unter enormen Kosten. Ein Unternehmen, in dem man – gerade beim Jobeinstieg – nicht zeigen darf, was man kann, ist eine Sackgasse, die man lieber heute als morgen verlässt. Die Schlüsselfiguren sind dabei die Vorgesetzten. Ein Alphatier, das dein Feind ist, kannst du nicht besiegen, jedenfalls nicht gleich am Anfang der Karriere. Und auch wenn eine derart offene Diskriminierung heute, über 15 Jahre später, schwer vorstellbar ist, gibt es sie immer noch – die eindeutigen Signale dafür, dass ein Unternehmen mit zweierlei Maß misst. Im Sommer 2017 erntete die Journalistin Theresa Hein mehr als 450 Leserkommentare, als sie sich in der *ZEIT* unter der Überschrift „Nennt uns gefälligst nicht ‚Prinzessin'!" über alltägliche Diskriminierungen junger Frauen im Job beklagte. Eine Umfrage in ihrem direkten Umfeld lieferte Beispiele in Hülle und Fülle. Hein berichtet von Vorgesetzten, die eine junge Kollegin monatelang bewusst mit falschem Namen ansprechen und auf die wiederholte Richtigstellung sagen, es sei ihnen ganz egal, wie sie heiße. Sie erzählt von älteren Kollegen, die Jobeinsteigerinnen raten, „einen heißen Bikini" auf die Dienstreise mitzunehmen, es gebe schließlich einen Pool im Hotel. Oder vom Hinweis, frau möge im Gespräch nicht so viel lächeln und am Telefon doch bitte die Stimme senken. Theresa Hein zieht daraus den naheliegenden Schluss, als junge Frau werde man nicht ernst genommen. Jedenfalls nicht so ernst wie die Männer, möchte ich hinzufügen. Und ich bin sicher, Einsteigerinnen, die sich die gutgemeinten Ratschläge zu eigen machen, tiefer sprechen, nicht lächeln, energischer auftreten, werden sich anschließend den Vorwurf gefallen lassen müssen, zu „unweiblich" aufzutreten. Viele der Internet-Kommentare zu Heins Schilderungen bestätigen ihre Klage übrigens ungewollt: Da ist erwartungsgemäß viel von „Rumgezicke" die Rede, von Weinerlichkeit und davon, dass frau sich nicht so „anstellen" solle. Auf dem Bau ginge es noch ganz anders zu … .[11] In einem Satz: Leb damit Mädchen, ist doch ganz normal. Auch der Hinweis, männliche Jobeinsteiger würden ebenfalls nicht mit Samthandschuhen angefasst, fehlt nicht. Das mag sein. Nur müssen sie sich vermutlich nicht tagaus, tagein mit abwertenden Kommentaren auseinandersetzen, die ausschließlich auf ihr Geschlecht zielen.

Hier drängt sich ein kurzes Eingehen auf die „MeToo"-Debatte förmlich auf. Diese nahm bekanntermaßen 2017 mit Missbrauchsvorwürfen gegen den Hollywood-Produzenten Harvey Weinstein ihren Anfang und entwickelte sich zu einer internationalen Bewegung, als immer mehr Frauen auch außerhalb des Showbusiness damit an die Öffentlichkeit gingen, dass sie ebenfalls von Männern in ihrem beruflichen Umfeld sexuell belästigt und genötigt wurden. Allein in den USA verloren bis 2019 über 200 prominente Männer in Politik, Wirtschaft und Unterhaltungsindustrie Job und Reputation.[12] Das Ausmaß der Missstände hätte schockieren und ernsthafte Gegenmaßnahmen in den Unternehmen bewirken können, auch von der überwiegenden Mehrheit der integren männlichen Vorgesetzten und Kollegen. Doch leider zeichnet sich inzwischen ab, dass der Schuss für die Frauen nach hinten losgehen könnte. Schon im Dezember 2018 berichtete der Finanznachrichtendienst *Bloomberg* von einer „Wall Street Rule for the #MeToo Era", davon, dass Manager Face-to-Face-Meetings mit Frauen bei geschlossener Tür neuerdings vermieden, dass Hotelzimmer bei Geschäftsreisen auf verschiedenen Etagen zu buchen seien, männliche Mentoren zögerten, Frauen zu unterstützen. Die Anstellung einer Frau sei dieser Tage angeblich ein „unkalkulierbares Risiko".[13] Wenig später veröffentlichte Leanne Atwater, Management-Professorin der Universität Houston, die Ergebnisse einer anonymen Umfrage unter 450 Frauen und Männern aus verschiedenen Branchen zu ihren Reaktionen auf die MeToo-Debatte. Fast die Hälfte der Männer gab an, Angst vor falschen Anschuldigungen zu haben, 20 bis 25 Prozent wollten am Arbeitsplatz nicht mehr mit ihnen allein sein und sagten, sie gingen Frauen grundsätzlich lieber aus dem Weg.[14]

Paradoxerweise wird eine Aktion gegen sexuelle Belästigung von Frauen auf diese Weise zum Hebel für eine allgemeine Diskriminierung von Frauen am Arbeitsplatz, mit bekannten Kronzeugen wie US-Vizepräsident Mike Pence, der nicht mit einer Frau in einem Raum allein sein oder essen gehen will, die nicht seine Ehefrau ist (sogenannte „Pence-Regel"). Glaubt tatsächlich irgendjemand ernsthaft, Frauen warteten nur darauf, aus heiterem Himmel einen unbescholtenen Kollegen oder Vorgesetzten zu bezichtigen und sich damit auch selbst der folgenden Schmutzkampagne auszusetzen? Aktuelle Zahlen für Deutschland belegen vielmehr die Relevanz des eigentlichen Problems. Auf die Frage, ob „sexuelle Belästigung oder sexistisches Verhalten" in ihrem beruf-

lichen Umfeld „(sehr) stark", „nicht so stark" oder „so gut wie gar nicht"
verbreitet seien, antworteten im Jahr 2018 49 Prozent der Frauen und
immerhin 34 Prozent der Männer 2018 „(sehr) stark". 39 Prozent der
Frauen nahmen dies „nicht so stark" wahr (Männer: 53%) und nur 5
Prozent der Frauen „so gut wie gar nicht" (Männer: 9%). Betroffen von
sexueller Belästigung sind überwiegend Frauen (fast drei Mal so häufig
wie Männer), wie eine aktuelle Studie der Antidiskriminierungsstelle des
Bundesministeriums für Familie, Senioren, Frauen und Jugend im Oktober
2019 ergab. Die Zahlen für Österreich und die Schweiz sind ähnlich.[15]

Gern wird bei solchen Befunden eine Debatte angezettelt, was denn
überhaupt eine sexuelle Belästigung sei und ob jeder „dumme Spruch"
gleich in diese Kategorie falle (Motto: Die Frauen sollen sich mal nicht so
anstellen). Ich kann Ihnen versichern: Wenn Sie der Vorgesetzte abends
beim Management-Offsite an der Bar ganz unverblümt fragt, ob Sie ein
Bauchnabelpiercing haben, dann werden Grenzen überschritten. Und es
ist ebenso eine Belästigung, wenn ein Kollege Sie im Meeting mit fol-
gender Bemerkung bloßzustellen sucht: „Hey, deine neue Handy-Hülle
sieht aus wie ein Kondom fürs Telefon. Hast du Kondome in der Regel
etwa am Ohr? Dann hast du aber etwas falsch verstanden!" – selbst erlebt.
Solche Sprüche haben mit Ausrutschern oder gar unglücklich formulierten „Komplimenten" rein gar nichts zu tun. Es geht darum, Frauen
einzuschüchtern, sie mundtot zu machen, in eine unterlegene Position zu
manövrieren. Und das beginnt schon bei vermeintlich harmloseren Sprüchen wie „Schön, dass Sie auch mitkommen auf die Tagung. Da haben
wir wenigstens was fürs Auge!", oder „Für Ihr Gehalt kann ich ja einen
Mann einstellen!" Die Sprecher entlarven sich damit selbst. Sie zeigen,
dass spätestens dann, wenn der Wettbewerb um beruflichen Aufstieg
beginnt, Frauen in vielen Unternehmen eben alles andere als gleichberechtigt sind, und das bis heute.

Zurück zu Theresa Hein und den Erlebnissen junger Frauen in ihrem
Umfeld. Solche Erfahrungen zeigen: Manchmal beginnt gleich der erste
Job mit einem Kulturschock, nicht jede hat so viel Glück wie meine ein-

gangs zitierte Interviewpartnerin mit dem (noch) „netten" Chef. Ein solches Schockmoment bestätigt indirekt, dass heutzutage viele junge Frauen in den ersten 20, 25 Lebensjahren ihr Frausein nicht als berufliches Hindernis erfahren. Umso härter trifft sie dann der Schlag – und umso größer ist die Gefahr, dass sie sich im Laufe der nächsten Jahre fragen werden, ob sich das alles wirklich lohnt. Etliche von ihnen werden sich um die 30 in die Familienpause verabschieden. Denn einen Vorteil hatten ihre Mütter und Großmütter: Wer schon mit zehn Jahren dafür kämpfen musste, „als Mädchen" aufs Gymnasium zu dürfen, ist mit 25 für Schlimmeres gewappnet.

WIE MAN ALPHATIERE ZÄHMT

Natürlich ist das Berufsleben nicht nur ein Jammertal, auch nicht für junge Frauen. Gleich nach meinem ersten Universitätsabschluss lernte ich als Praktikantin in einem Unternehmen in der Baubranche, wie Selbstbehauptung in Verbindung mit guten Arbeitsergebnissen sich auszahlen kann. Nach der obligatorischen Einstiegsphase mit Kopieren, Kaffee kochen und Kekse anrichten wurde ich endlich mit einer echten Aufgabe betraut – und zwar vom Chef persönlich. Der war ein Alphatier wie aus dem Managementbilderbuch: laut, cholerisch und sehr erfolgreich. Nicht nur Sekretärinnen und Assistentinnen wurden von ihm vor versammelter Mannschaft quer über den Flur zusammengeschrien, wenn nicht alles exakt so lief, wie er es sich vorstellte. Die weiblichen Angestellten kuschten und weinten heimlich auf der Damentoilette.

Es kam, wie es kommen musste: Auch mich faltete besagter Chef beim ersten Projekt gleich am zweiten Tag zusammen, weil ihm meine Ausarbeitung schlichtweg nicht zusagte. Ich war sehr froh, endlich mehr Verantwortung zu haben, und wollte dieses Projekt auf keinen Fall verlieren. Allerdings wollte ich auch nicht vor versammelter Mannschaft angebrüllt werden. Also nahm ich all meinen Mut zusammen, ging in sein Büro, schloss die Tür, atmete tief durch und hoffte, dass bellende Hunde tatsächlich nicht beißen. Dann sagte ich äußerlich cool, innerlich brodelnd: „Ich finde nicht, dass Ihre Reaktion angemessen ist. Ich bin sehr gerne bereit, meine Arbeit zu optimieren. Dann brauche ich aber eine klare Ansage von Ihnen, wie ich das Projekt zu Ihrer Zufriedenheit zum Ergebnis bringe."

Stille. Unendliche Stille. Und ein Chef, der langsam, aber sicher, rot anlief. „Setzen Sie sich", sprach das Alphatier. Und dann erklärte der Oberboss mir, wie er sich das Resultat meiner Aufgabe vorstellte. Ich bedankte mich und verließ das Büro. Zwei Tage später lieferte ich ein perfektes Ergebnis ab, und der Chef bedankte sich mit einem Lächeln bei mir. Er hat mich nie wieder angeschrien und übertrug mir fortan immer verantwortungsvollere Projekte. Wir hatten eine perfekte Arbeitsbasis. Das war der Moment, als mir klar wurde, dass man sich als Frau in der Berufswelt Alphatiere zum Freund machen muss, um voranzukommen. Ergebnisse, die die Chefin oder den Chef weiterbringen und einen selbst auch, weil man sich weiterentwickeln kann, sind der allerbeste Weg dafür.

Natürlich klappt das nicht immer, wie wir an meinem Beispiel aus New York gesehen haben. Aber ein gutes, vertrauensvolles Arbeitsverhältnis zur direkten Führungskraft ist und bleibt einer der wichtigsten Faktoren für das berufliche Fortkommen. Auch in einer weiteren Station auf meinem Karriereweg bestätigte sich das: in meinem ersten Job in der Digitalwirtschaft direkt nach der Jahrtausendwende, als man noch CD-ROMs ins Computerlaufwerk einlegen musste und sich über ein knarrendes 56k-Modem ins Internet einwählte. Ich habe in dieser Zeit fachlich sehr viel gelernt und den Grundstein für meine heutige Karriere gelegt: durch die Zusammenarbeit mit inspirierenden Führungspersönlichkeiten, viel Verantwortung und abwechslungsreichen Projekten. Vor allem war der damalige Geschäftsführer ein – wie ich es fortan nannte – „kooperativ-unterstützendes Alphatier". Ich spürte: Hier war ich richtig! Ich wurde vom Chef gefördert, aktiv eingebunden und erntete Anerkennung. Dieser Mann begleitete mich auch später als Mentor in fast allen darauffolgenden Unternehmen und Karrierestufen.

Außerdem beobachtete ich in diesem Unternehmen zum ersten Mal, dass und wie man als Frau im Management erfolgreich sein kann. Die Abteilungsleiterin war Mitte dreißig und verantwortete den gesamten digitalen Geschäftsbereich mit über 80 Mitarbeitenden. Das hat mich damals sehr beeindruckt. Diese Managerin, die noch heute ein Vorbild für mich ist, führte ihre Mitarbeiter nie von oben herab, immer auf Augenhöhe, aber mit klaren Ansagen von einer Erfolgsstufe zur nächsten. Diskussionen gewann sie mit fachlicher Stärke und einer klaren Argumentationskette für sich, ohne den Gesprächspartner schlecht dastehen zu lassen. Ich lernte daraus: Es war also möglich, strittige Punkte anzusprechen, sich Gehör zu verschaffen und mit Sachlichkeit und Hartnäckigkeit ans Ziel zu kommen – ganz ohne Kompetenzgerangel oder Alphatiergehabe, sondern mit einem Lächeln auf den Lippen. Im Verlauf meines Berufslebens habe ich dieser Strategie den Namen „charmante Penetranz" gegeben. Ich kann sie nur wärmstens weiterempfehlen!

WELCHES VERHALTEN
BEIM JOBEINSTIEG WEITERBRINGT

Welche Verhaltensempfehlungen lassen sich aus den empirischen Befunden und meinen mehr als 15 Jahren Erfahrung im Joballtag für Berufseinsteigerinnen ableiten? Aus meiner Sicht sind es vor allem die folgenden.

ENGAGIERT, ERGEBNISORIENTIERT,
IM UNTERNEHMEN SICHTBAR

1. Durchstarten

Nach wie vor ist Engagement ein wichtiger Baustein für den weiteren Erfolg. Das bedeutet: sich interessieren, sich reinhängen und gute Arbeit leisten – die sprichwörtliche Extrameile gehen, statt vor allem auf den pünktlichen Feierabend zu schielen. In einer Zeit, in der viele Bewerberinnen und Bewerber schon im Vorstellungsgespräch nach dem Sabbatical fragen, muss auch das der Vollständigkeit halber gesagt werden. Wichtig ist allerdings, *wofür* Sie sich engagieren: Es geht um Aufgaben, bei denen Sie zeigen können, was Sie draufhaben. Wenn Ihr direkter Vorgesetzter Sie kaltstellen will und Ihnen ausschließlich öde Routineaufgaben überträgt, bringt Fleiß gar nichts (mehr). Ich saß zu Beginn meiner Karriere einmal am Heiligabend um 14:30 Uhr immer noch im Büro, um weisungsgemäß Visitenkarten alphabetisch nach den ersten drei Buchstaben zu sortieren und die Reisekostenabrechnung meines Vorgesetzten für die letzten sechs Monate zu erledigen. Der Grund: Ich kam mit seinem eigenen Vorgesetzten für sein Verständnis etwas zu gut klar. Solche Aufgaben können ein Test in den ersten Arbeitswochen sein: Meckern Sie oder machen Sie einfach? Da muss man dann durch. Wenn man Sie allerdings noch nach Monaten mit Aushilfsaufgaben eindeckt, bleibt nur noch die Flucht.

2. Liefern

Am Ende zählen im Job Ergebnisse, nicht kluge Bemerkungen. Sorgen Sie dafür, dass Ihre Arbeitsergebnisse prompt, pünktlich und in bester Qualität kommen. Idealerweise ist Ihre PowerPoint ein bisschen ausgefeilter als der Standard im Unternehmen, Ihre Zahlen sind lesbarer aufbereitet, bei der Entscheidungsvorlage haben Sie einen relevanten Aspekt mit eingearbeitet, der bisher zu kurz kam usw. Je besser Sie „funktionieren" und je wertvoller Sie für Ihre Chefin oder Ihren Chef sind, umso besser. Achten Sie dabei darauf, dass nicht andere versuchen, Ihre Erfolge für sich zu verkaufen. Allerdings ist Loyalität keine Einbahnstraße: Wenn Sie sehr gute Arbeit abliefern, prädestiniert Sie das für weitere herausfordernde Aufgaben, und die sollten Sie auch selbst einfordern. Zeigen Sie Initiative, machen Sie Vorschläge, welche Projekte Sie übernehmen möchten. Fragen Sie nicht verwundert, „Oh, und das trauen Sie mir wirklich zu?", zweifeln Sie auch nicht „Ich weiß nicht, ob ich das kann …", wenn Ihre Führungskraft von selbst auf die Idee kommt,

Ihnen mehr Verantwortung zu übertragen – greifen Sie zu! Nachfragen und sich Rat holen können Sie immer noch, wenn Sie sich einen ersten Überblick über die Aufgabe verschafft haben. Gehen Sie mal davon aus, dass die meisten männlichen Kollegen sich *alles* zutrauen, auch wenn sie komplett ahnungslos sind. Fast könnte man vermuten, dass diese Eigenschaft genetisch auf dem Y-Chromosom angelegt sei.

3. Feedback annehmen

Man sagt der Millennial-Generation nach, sie lege sehr viel Wert auf Feedback. Als Chefin und später auch als Gründerin eines IT-Unternehmens kann ich das bestätigen: Junge Mitarbeiterinnen und Mitarbeiter wollen regelmäßig und häufiger als früher wissen, ob ihre Herangehensweise okay und das Arbeitsergebnis in Ordnung ist. Allerdings habe ich nach und nach den Eindruck gewonnen, dass es oft nicht um Feedback im neutralen Sinne geht, sondern vielmehr ums Lob-Einheimsen. Möglicherweise entspricht das der typischen Sozialisation der Generation Y und Z. Viele jüngere Arbeitskräfte wurden von Eltern, Großeltern, Trainer/innen und Lehrer/innen regelmäßig schon bei kleinsten Fortschritten gewürdigt. Für ältere Vorgesetzte, die selbst noch im „Stell dich nicht so an"-Modus der Nachkriegszeit erzogen wurden, ist das ungewohnt und manchmal anstrengend, aber nicht grundsätzlich problematisch. Zum Problem wird es, wenn Jobeinsteigerinnen und Jobeinsteiger mit kritischem Feedback nicht umgehen können. „Sie sind ja nur neidisch, weil ich besser aussehe als Sie!", schleuderte mir einmal eine junge Mitarbeiterin in meinem Start-Up entgegen, weil ich sie wiederholt auf überzogene Abgabetermine und fehlerhafte Arbeitsergebnisse hinwies. Damit waren ihre Tage im Unternehmen gezählt: Gerade kleine und mittelständische Unternehmen können und wollen „Underperformer" ohne einen Funken Einsicht und sachlichen Blick auf die eigene Leistung auf Dauer nicht halten. Bedanken Sie sich daher für kritisches Feedback und erkundigen Sie sich, was Sie konkret besser machen können, wenn das nicht offensichtlich ist. Fragen Sie nach Beispielen, wenn Sie mit allgemeinen Vorwürfen konfrontiert werden, kurz: Signalisieren Sie echtes Interesse, sich weiterzuentwickeln.

4. Sichtbar werden

„Es nützt nichts, gut zu sein, wenn keiner davon weiß", so eine bekannte Erfolgsweisheit. Wer sich im Unternehmen für Höheres empfehlen will, muss sichtbar werden, auch über die eigene Abteilung hinaus. Dafür empfehlen sich Aufgaben, die unternehmensweit registriert werden. Ich hatte das Glück, gleich bei meinem Berufseinstieg in die Digitalwirtschaft mit einer solchen Aufgabe betraut zu werden. Dort war es üblich, dass die Personalabteilung einmal im Monat eine „Onboarding"-Veranstaltung für neue Mitarbeiterinnen und Mitarbeiter ausrichtete. Als ich den Raum betrat, verstummten die laufenden Gespräche schlagartig. Das Missverständnis klärte sich schnell auf: Irrtümlich hielt man mich (groß und eher formell gekleidet) für die Personalleiterin. Auch der fiel ich auf, und sie fragte mich am Ende der Veranstaltung, ob ich mir vorstellen könne, zukünftig diejenige zu sein, die zwei- oder dreimal monatlich Neuzugänge durch die eigene Abteilung führt, um die dort Arbeitenden sowie ihre Aufgaben kurz vorzustellen. Offenbar war das den alteingesessenen Kollegen eher lästig. Ich sagte zu – und schaffte so die Voraussetzung für ein vielfältiges Kontaktnetz im Unternehmen. Wer einen in den ersten Tagen im Unternehmen nett empfängt, wird so schnell nicht vergessen. Gleichzeitig erfuhr ich viel über die neuen Mitarbeiterinnen und Mitarbeiter und knüpfte wertvolle Verbindungen. Halten Sie also Ausschau nach Aufgaben, die Sie über Abteilungsgrenzen hinausführen – und zwar solche auf der Bühne, nicht hinter den Kulissen! Sehen Sie nicht den Aufwand, sondern den langfristigen Ertrag. Befördert wird nicht der oder die Beste, sondern im Zweifelsfall jemand, den man kennt. Das habe ich schon in New York gelernt, wo die (männlichen) Praktikanten mit den Chefs mit einem Whiskey anstießen, während ich im Büro die Ablage machte.

5. Grenzen setzen

Anzügliche Sprüche, blöde Bemerkungen oder gar sexuelle Belästigung? Es ist nicht ausgeschlossen, dass gerade Sie als vermeintlich schwache Einsteigerin damit konfrontiert werden. Der eine oder andere testet dabei einfach Grenzen aus. Mein Tipp: Wehren Sie sich! Also nicht verschämt mitlachen oder verkrampft ignorieren, sondern zurückfeuern. Gerade für blöde Sprüche kann man sich ein Repertoire von Standardantworten zurechtlegen: „Oh, haben Sie das nötig, Frauen zu belästigen?" oder „Sehr witzig. Da denken Sie jetzt aber mit dem falschen Körperteil." Auf einen groben Klotz gehört ein grober Keil, und viele Täter suchen sich dann leichtere Opfer. Schämen Sie sich also nicht, sondern kontern Sie beherzt. Auch den üblichen Blondinenwitz mit einem männerfeindlichen Witz zu begegnen wirkt mitunter Wunder. Anregungen für mehr oder weniger intelligente Witze über Männer gibt es zuhauf im Internet.[16] Wenn Sie ein gutes Arbeitsverhältnis zu Ihrer Führungskraft haben, sollten Sie sich spätestens dann beschweren, wenn jemand versucht hat, handgreiflich zu werden – am besten ruhig, sachlich und ohne „hysterische" Tränen. Weniger mutige Kolleginnen werden es Ihnen danken. Zusammenfassend gilt: Fordern Sie Respekt ein. Seien Sie höflich und freundlich, aber zeigen Sie die Zähne, wenn jemand anderes es nicht ist. Das kann man auch mit einem kühlen Lächeln tun.

KARRIEREKILLER: „ARBEITSBIENCHEN", „BESCHEIDENE", „NETTE KOLLEGIN"

Was inzwischen deutlich geworden ist: Erfolg im Job ist etwas komplizierter als Erfolg in Schule und Ausbildung. Fleißig sein und nicht negativ auffallen kann einen mit Bestnoten gut durch die ersten 20 Lebensjahre bringen. Im Unternehmen befördert dasselbe Verhalten, wenn man Pech hat, aufs Abstellgleis. Nicht, dass Engagement im Unternehmen unwichtig wäre. Der Fehlschluss ist nur, zu glauben, das alleine reiche aus und dafür gäbe es auch hier früher oder später zwangsläufig eine „faire" und

„gerechte" Belohnung. Dieser Glaube ist gerade bei Jobeinsteigerinnen so tief verwurzelt, dass erfahrene Erfolgsfrauen sich immer wieder daran abarbeiten. Xiaogun Clever, Chief Technology & Data Officer und Mitglied der Konzernleitung der Ringier Gruppe, sagt beispielsweise: „Wie ein Mantra wiederhole ich, dass Leistung alleine nicht reicht, um ins Management zu kommen. (…) Immer wieder diskutiere ich das mit jungen Frauen. Oft kommen sie später zu mir, um mir zu erzählen, dass sie das anfangs nicht geglaubt hätten. Die Auffassung ‚Leistung muss doch für sich sprechen' sitzt so tief, dass sie erst eigene Erfahrungen brauchen, um zu lernen, dass das eben doch nicht der Fall ist."[17]

Was ist es dann, das im Job für die nächste Karrierestufe empfiehlt? Es geht beispielsweise um Standing, Durchhaltevermögen und Nehmerqualitäten. Bewährt sich jemand auch dann, wenn es stressig wird, Kunden drängeln oder Kollegen mauern? Bleibt er oder sie cool und scheut den Wettbewerb mit anderen nicht? Geht jemand mutig nach vorn und hat keine Angst, sich intern und extern zu präsentieren? Das sind alles Qualitäten, die im mittleren Management gefordert sein werden und für die potenzielle Hoffnungsträgerinnen Indizien liefern sollen. Hier sind plötzlich die Männer im Vorteil, weil sie tendenziell lauter und wettbewerbsorientierter auftreten. Was ihnen in der Schule manchmal zum Nachteil gereichte, wendet sich nun zum Vorteil. Zugleich haben es die oft nach wie vor männlichen Führungskräfte mit ihnen einfacher. Schmidt versteht, wie Schmidtchen tickt und entdeckt in ihm vielleicht sogar ein jüngeres Selbst. Das weckt Sympathie und Vertrautheit. Frauen ticken anders und werden von Chefs häufig als anstrengender empfunden. Ein Führungskollege erzählte mir einmal fassungslos, er habe einer jungen, hochkompetenten Frau eine Beförderung angeboten, worauf diese nicht etwa freudig zugestimmt, sondern gefragt habe: „Aber ist denn nicht erst der Herr Sowieso dran? Der ist doch schon viel länger im Haus." Plötzlich sei er in eine „nervige" Diskussion zum Thema Beförderungskriterien verwickelt gewesen. Sein Fazit: „Das passiert mir so schnell nicht wieder!" Ich fürchte, es wird dauern, bis er wieder eine Frau fördert.

Bescheidenheit weckt im Unternehmenskontext nicht etwa Sympathie, sondern Zweifel daran, ob die Betreffende den richtigen „Biss" hat. Auch stellt sich die Frage, ob eine Person, die mit Zurückhaltung glänzt, die Unternehmensinteressen nach außen genügend hartnäckig und offensiv genug vertreten wird. Zwar sind Frauen häufig besser darin, die Interessen anderer als die eigenen wahrzunehmen, aber das geht bei solchen Überlegungen unter. Das alles mag sehr pauschal klingen und zweifellos gibt es Ausnahmen bei beiden Geschlechtern, forsche Frauen und vorsichtig-zurückhaltende Männer. Doch die bestätigen eben die Regel. Tritt Bescheidenheit dann noch in Kombination mit Selbstzweifeln auf, ist das in Sachen Karriere eine gefährliche Mischung. Wer es gewöhnt ist, gelobt und ermutigt zu werden, wird leicht übersehen. Im Firmenkontext trägt man ungern jemanden zum Jagen – erst recht nicht, wenn andere schon in voller Jägermontur und Gewehr bei Fuß bereitstehen.

Selbstzweifel trotz guter oder sogar hervorragender Leistungen werden im Berufsleben häufig als typisches „Frauenproblem" beschrieben. Coaches berichten, dass Frauen freimütig von Fehlern und Schwächen erzählen, während Männer schon in der Selbstvorstellung den Eindruck vermitteln, sie seien großartig und wollten durch das Coaching eben noch ein kleines bisschen großartiger werden (sofern das überhaupt möglich ist). Personalfachleute sind es gewohnt, dass Frauen fragen, „Ob ich das kann?", wenn man ihnen eine Beförderung anbietet, während Männer in dieser Situation gleich auf Gehaltserhöhung und Dienstwagen zu sprechen kommen. In meinem IT Start-Up waren es ausschließlich die männlichen Teammitglieder, die im Jahresgespräch nach einer Gehaltserhöhung verlangten.

Die Psychologie kennt den Begriff des „Impostor-Syndromes" und meint damit die Sorge, nicht genug zu sein und als Hochstapler enttarnt zu werden, obwohl objektiv weder an Kompetenz noch an der Leistung Zweifel bestehen können. Auch dieses Phänomen wird oft Frauen zugeschrieben, möglicherweise, weil es Ende der Siebzigerjahre zunächst an außergewöhnlich erfolgreichen US-Akademikerinnen erforscht wurde.

Inzwischen ist empirisch belegt, dass Männer und Frauen gleichermaßen von einem überkritischen, verzerrten Selbstkonzept betroffen sein können und dass dieses Phänomen alles andere als selten ist. Die Psychologin Sonja Rohrmann berichtet von einer eigenen Studie, in der fast 50 Prozent der befragten Führungskräfte zugaben, solche Ängste und Gefühle zu kennen. Der Unterschied besteht darin, dass Frauen solche Selbstzweifel eher kommunizieren, während Männer (oft schon als Kinder) gelernt haben, sich äußerlich stark und unangreifbar zu geben.[18]

Man mag die Haltung der Frauen ehrlicher und authentischer finden. Im Berufsleben ist sie dennoch von Nachteil, solange das Karrierespiel nach männlichen Regeln gespielt wird. Versetzen Sie sich als Frau für einen Moment in einen Mann, für den ein bisschen Erfolgsbluff zum Job (bzw. zum Leben) dazugehört und der deshalb im Geiste immer die taktische Übertreibung von der glänzenden Fassade des anderen abzieht. Verzichtet ein (weibliches) Gegenüber komplett auf eine solche Fassade, kann das Ergebnis dieser Subtraktion nur verheerend ausfallen. Interessant ist zudem, dass Impostor-Gedanken häufig Menschen betreffen, die in neue Gefilde vorstoßen – etwa Managerinnen und Manager mit typischen Aufsteigerbiografien. Manuela Rousseau, die es aus kleinen Verhältnissen bis in den Aufsichtsrat eines DAX-Konzerns schaffte, berichtet ebenso davon wie Michelle Obama, die sich als Arbeiterkind an der Highschool in der ersten Zeit fehl am Platz fühlte.[19] Es überrascht daher nicht, dass Frauen bis ins Topmanagement mit Selbstzweifeln kämpfen, solange sie als einsame Ausnahme einer Männerriege gegenüberstehen, die ihnen unausgesprochen signalisiert, „Das hier ist unsere Welt".

Zurückhaltung und Bescheidenheit sind also Karrierebremsen. Als nützliches Arbeitsbienchen empfehlen Sie sich nicht für einen Aufstieg, sondern für weitere Schufterei am angestammten Platz. Wer als nett und harmlos gilt, wird nicht Teamleiterin. Da trifft es eher den ähnlich oder sogar weniger qualifizierten männlichen Kollegen, der erkennbar mit den Füßen scharrt und den man nicht an den Wettbewerb verlieren will. Womit wir gleichzeitig bei einem weiteren Karrierehemmnis wären, dem

Wunsch beliebt zu sein. Auch den sagt man nicht zu Unrecht vor allem Frauen nach. Am Arbeitsplatz ist Respekt jedoch wichtiger als Beliebtheit. Man muss Sie in erster Linie ernstnehmen, nicht mögen. Sympathie kann sich dann später als Nebeneffekt immer noch einstellen, wenn man Sie als kompetente und verlässliche Kooperationspartnerin kennengelernt hat. Sie kann aber nicht das Hauptziel sein. Welche Karrierestrategien empfehlenswert sind, wenn Sie sich erfolgreich im Unternehmen etablieren und für den weiteren Aufstieg empfehlen wollen, lesen Sie im Anschluss an den Gastbeitrag von Philip Missler, der in Sachen Karriere eine klare Botschaft an junge Frauen hat. ▌

GASTBEITRAG

Philip Missler
(COUNTRY MANAGER,
PINTEREST NORTHERN EUROPE)

„Wenn Sie jungen Frauen zum Karrierestart nur einen Tipp geben dürfen – wie würde dieser lauten?"

» Mein Tipp: Große Ziele setzen, sich verbünden und Diskriminierung nicht tolerieren. «

Die schlechte Nachricht vorweg: Auch im Jahr 2020 gibt es noch keine Chancengleichheit für die Geschlechter, und Diskriminierung von Frauen gehört oftmals noch zum Alltag. Die meisten meiner Kolleginnen und Bekannten haben auf ihrem Weg Diskriminierung erfahren. Manchmal subtile Herabsetzungen der überwiegend männlichen Kollegen;

erschreckend oft direkte Belästigung von Ranghöheren. Je höher hinaus Frauen wollen, desto lauter werden die zweifelnden Stimmen. Schafft die das? Kann die das?

Das klingt nach dem letzten Jahrhundert? Ich schreibe diese Zeilen in der Senator Lounge eines Flughafens. Um mich herum fast ausschließlich Menschen, die aussehen wie ich: weiße Männer über 45 mit selbstverständlichem Priority-Status. Die meisten lesen Zeitung, einige tippen auf dem iPhone, ein paar schauen Netflix. Neben mir eine der wenigen Frauen, vielleicht Anfang 40, Laptop auf dem Schoß. Homescreen mit drei Kindern. Auf den AirPods offenbar eine angespannte Diskussion mit der Nanny, während sie unter Zeitdruck einen Finanzbericht ihres Unternehmens kommentiert und parallel ihrer Assistentin Änderungen der Reiseplanung schickt. Das ist die Realität.

Angehende weibliche Führungskräfte sind im Schnitt besser in Schule und Universität. Sie besetzen die Hälfte (oder mehr) der Nachwuchspositionen im Unternehmen. Aber wenn es an die entscheidenden Karriereschritte geht und parallel vielleicht eine Familie entsteht, greifen die alten Muster, und sie werden oft zur Seite geschoben. Die Vereinbarkeit von Beruf und Familie muss heutzutage absolut selbstverständlich sein, und das beginnt vor allem damit, dass sie in den Unternehmen vorgelebt wird. Nur so kann sich in einer Firma auch ein Mindset entwickeln, in dem Frauen sich nicht verbiegen müssen oder mit einem konstant schlechten Gewissen ihre Verpflichtungen jonglieren.

Mein Appell gilt den Frauen, aber vor allem auch den Männern. Verbündet euch und unterstützt euch gegenseitig. Eine Kollegin muss das Büro vorzeitig verlassen, weil das Kind krank ist? Unterstützt sie, sagt etwas, wenn andere Kollegen sich darüber aufregen, bezieht klar Stellung! Ja, Frauen müssen vielleicht oftmals noch härter arbeiten als ihre männlichen Kollegen, und ja, Diskriminierung im (Berufs-)Alltag hört nicht von einem auf den anderen Moment auf. Aber jeder Einzelne kann jetzt sofort schon einen Beitrag leisten. Man ist sich manchmal vielleicht selbst gar nicht bewusst, wie groß der Unterschied ist, den man auch als einzelne Person im eigenen Umfeld bewirken kann.

Also, liebe Frauen, gebt eure Ambitionen nicht auf, haltet durch und hängt die Männer aus der Senator Lounge ab! Ziel muss es sein, dass in den Geschäftsführungen, Vorständen, Aufsichtsräten regelmäßig mehr als 50 Prozent Frauen sitzen. Warum sich das lohnt? – Gestalten kann man am besten von der Spitze. Das Leben vieler positiv beeinflussen, neue Werte vorleben, den Weg von Industrien und Gesellschaften mitgestalten.

Die gute Nachricht zum Schluss: Das alles ändert sich gerade. Industrien und Gesellschaften sind im Wandel und stehen Herausforderungen wie Globalisierung, Digitalisierung oder Klimawandel gegenüber. Mehr denn je ist es wichtig, die besten Köpfe des Landes zusammenzubringen, um Lösungen herbeizuführen, Männer und vor allem Frauen! Ich schaue auf meine 14-jährige Tochter und denke: Gott sei Dank! Quotendruck, Erziehung und Corporate Diversity-Programme wirken nämlich. Und wenn ihr einen Job vermeintlich nur deshalb bekommt, weil ihr weiblich und jünger seid – zögert nicht eine Sekunde; nehmt ihn an! Geht davon aus, dass all die Männer, die auf ähnlichen Jobs sitzen, ihn in der Vergangenheit vor allem deshalb bekommen haben, weil sie männlich, weiß und alt waren.

Eine Kollegin von mir hat vor Kurzem ein begehrtes Aufsichtsratsmandat erhalten. Als eine der wenigen Frauen unter Männern, alle weiß und alt und etabliert. Das Besetzungskomitee sagte ihr ziemlich unverblümt, dass es vor allem händeringend nach einer jüngeren Frau gesucht hätte. Sie hat gezögert, dann aber zugegriffen. Sie hat die Kommentare ignoriert, die Zähne zusammengebissen und losgelegt. Und sie hat schon heute dem Unternehmen wichtige Impulse gegeben. Weil sie, als Führungskraft und Persönlichkeit, Alternativen sieht und eine neue Perspektive reinbringt. Ich finde, davon kann man lernen. ▪

DIE BESTEN KARRIERESTRATEGIEN BEIM EINSTIEG: SICH AUSPROBIEREN UND DAZULERNEN

Über alle Branchen und persönlichen Herangehensweisen hinweg gibt es einige Verhaltensempfehlungen, die hilfreich sind, wenn Sie als Nachwuchskraft weiterkommen wollen.

1. Mut zum Experiment

Kaum eine Jobeinsteigerin weiß von Anfang an, in welcher Branche und in welchem Umfeld sie ihr Potenzial am besten entfalten kann. Die ersten vier bis sechs Jahre im Job sind eine Experimentierphase, in der man sich ausprobieren darf und entdeckt, was in einem steckt. Die Zeiten, in denen eine Kündigung vor einer Zweijahresfrist absolut tabu war und Personaler jeden Lebenslauf akribisch auf „Lücken" untersuchten, sind vorbei. Gerade am Karriereanfang und vor dem Hintergrund des heutigen Arbeitsmarkts darf und sollte man vielfältige Erfahrungen sammeln. Spätestens nach zwei Jahren kann man die Fühler wieder ausstrecken, auch wenn Neuanfänge immer anstrengend sind. Dafür steigt die eigene Lernkurve steil an, und wenn man es geschickt anstellt, baut man sich ein Netzwerk auf, von dem man noch viele Jahre profitieren wird (vgl. auch Punkt 4).

2. Sackgassen verlassen

Gerade am Anfang der Karriere kann es passieren, dass man sich in einer Sackgasse wiederfindet. Mag sein, dass es Warnsignale gab: ein gönnerhaft auftretender Vorgesetzter, der schon im Vorstellungsgespräch merkwürdige Sprüche klopfte, ein Organigramm, in dem Frauen nur in den Kästchen ganz unten zu finden waren, ein Team, in dem bislang nur die Sekretärin weiblich war. Im Nachhinein hätte frau ahnen können, dass ihre Startbedingungen nicht ideal sind. Doch wie ein Job tatsächlich ist, stellt sich erst in der Praxis heraus, denn im Vorstellungsgespräch

45

wird die Realität auch von Arbeitgeberseite oft hemmungslos geschönt. Paradoxerweise wird dabei häufig genau das betont, was man hinterher definitiv nicht goutiert. Skepsis ist daher angebracht, wenn es heißt „Wir brauchen hier dringend frischen Wind!" oder „Diversity ist uns ganz wichtig!" Wie kommt es bloß, dass Sie später auf dem Flur hauptsächlich grauen Anzugträgern begegnen? Sieht der Joballtag ganz anders aus als zuvor behauptet, machen Sie das Beste daraus: Schauen Sie, was Sie am aktuellen Platz lernen können, und suchen Sie möglichst rasch das Weite. Tapfer in einem Unternehmen auszuharren, das Sie kleinhält, untergräbt das eigene Selbstwertgefühl und macht den Absprung immer schwerer.

3. Ansprüche anmelden

Vermeiden Sie den Eindruck, der Job käme bei Ihnen erst an zweiter oder dritter Stelle. Natürlich sollen Sie gut für sich sorgen und darauf achten, dass Ihre Work-Life-Balance nicht völlig kippt. Vor sich hertragen sollten Sie das allerdings nicht. Manchmal setzen Mitarbeiter*innen unbedacht die falschen Signale. Wenn Sie nicht auf die wichtige Fortbildung mitkönnen, weil Ihr Patenkind in der Woche Geburtstag hat, oder im größten Abteilungsstress Urlaub nehmen wollen, weil die Katze krank ist, landen Sie schnell in der Schublade „nicht karriereorientiert". Meist ließe sich mit etwas Überlegung eine andere Lösung finden. Den Aufstieg muss man sich nicht nur inhaltlich zutrauen, sondern auch von außen erkennbar wollen.

Heben Sie daher den Finger, wenn interessante Projekte verteilt werden. „Interessant" bedeutet: spannende Inhalte, persönliche Weiterentwicklungsmöglichkeiten, im Unternehmen als wichtig eingestuft. Meiner Erfahrung nach sind Frauen oft zu zögerlich, wollen lieber noch mal nachdenken und eine Nacht drüber schlafen, wenn eine Aufgabe unvermutet hochpoppt, während Männer gleich „Hier!" rufen und sofort die Hand nach oben recken. Damit Projekte an die Versiertesten und nicht an die Schnellsten gehen, könnten Unternehmen ihre Vergabeverfahren überdenken (siehe „Was Unternehmen jetzt tun können"). Gleichzeitig sind Frauen aufgefordert, mutiger und strategischer zu handeln. Es gibt den Vorwurf, sie seien häufig zu sehr mit der Optimierung des Status quo beschäftigt, während Männer langfristiger dächten und gezielt Ausschau danach hielten, welche Aufgaben ihnen karrierestrategisch nützten – durch mehr Sichtbarkeit, wertvolle Kontakte oder Kompetenzgewinn. Natürlich ist das wieder sehr pauschal gesprochen. Dennoch überlegen Sie kurz, welche strategischen Schachzüge Sie bisher gemacht haben und ob da eventuell Nachholbedarf besteht.

Legen Sie Ihre Messlatte beim Jobwechsel hoch genug. Nicht nur bei Projekten, sondern auch im Hinblick auf Stellenanzeigen sind Frauen häufig übervorsichtig. Eine lange Liste ambitionierter Anforderungen schreckt sie ab, Männer weniger. Viele Frauen glauben irrtümlich, man müsse die ganze Liste Punkt für Punkt erfüllen, um überhaupt eine Chance zu haben. Dabei geht es oft auch um die eigene Imagepflege, wenn scheinbar nur die eierlegende Wollmilchsau mit der Zusatzlizenz zum Seiltanzen für die annoncierende Firma gut genug ist. Auch in dieser Frage könnten Unternehmen geschickter vorgehen (siehe unten).

4. Ein Netzwerk aufbauen

Beziehungen schaden nur dem, der keine hat. Dem wichtigen Thema Netzwerken ist in Teil III ein eigener Abschnitt gewidmet, denn bis ins Topmanagement gilt, dass keiner – und erst recht keine – ganz auf sich gestellt erfolgreich bleibt. Hier daher nur einige Hinweise. Netzwerke haben vielfältige Funktionen: Professionalisierung durch inhaltlichen Austausch, das sich ausprobieren in verantwortlichen Rollen, Ermutigung durch Rollenvorbilder, mehr Souveränität durch Hintergrundinfos und das Schmieden von Bündnissen (etwa bei unternehmensinternen Kontakten). Berufliche Netzwerke sollten konkreten Nutzen bieten wie die klassischen „Seilschaften", zumindest aber persönlich stärken und ermutigen. Hüten Sie sich vor Jammerzirkeln, in denen man sich vor allem gegenseitig das Leid klagt! Suchen Sie sich lieber Menschen, von denen Sie lernen können und die Sie weiterbringen. Das bedeutet: Netzwerken

Sie nicht nur unter Gleichgesinnten, sondern auch nach oben. Beginnen Sie in Ihrem direkten Umfeld, im Unternehmen. Gehen Sie nicht immer mit denselben Kollegen essen, sondern knüpfen Sie Kontakte zu anderen Abteilungen. Tauschen Sie sich nicht nur mit anderen Neulingen aus, suchen Sie auch den Kontakt zu erfahrenen Kollegen und Vorgesetzten. Strecken Sie in Projektgruppen und Weiterbildungen die Fühler aus, nutzen Sie Pausen für Gespräche und nicht fürs Smartphone. Denken Sie auch an branchenübergreifende Kontakte, von denen Sie profitieren können – von sozialen Medien wie Xing und LinkedIn über professionell gemanagte Netzwerke bis zu klassischen Berufsverbänden und Vereinen. Treffen Sie Ihre Auswahl und werden Sie in dem für Sie relevanten Kontext sichtbar, indem Sie sich engagieren, Veranstaltungen und Konferenzen besuchen oder im Netz interessante Beiträge posten. Nach wie vor werden viele Jobs über persönliche Kontakte vergeben.

5. Mentoring, Coaching, Weiterbildung
Investieren Sie in sich selbst und Ihre persönliche Entwicklung. Wenn Sie die Chance haben, in ein Mentoring-Programm aufgenommen zu werden, sollten Sie unbedingt zugreifen. Eine Mentorin oder ein Mentor sind berufserfahrene Sparringspartner, von denen Sie professionelles Feedback in persönlichen und strategischen Fragen bekommen und die Sie beim Weiterkommen als Förderer und Fürsprecher aktiv unterstützen. Wenn ein vertrauensvolles Verhältnis besteht, können auch Vorgesetzte auf Topebene als informelle Mentoren agieren. Das birgt allerdings die Gefahr, dass Sie mit in den Abgrund gerissen werden, wenn der Stern der Führungskraft sinkt, oder dass Sie ohne „Schutz" dastehen, wenn diese das Unternehmen verlässt. Auf der anderen Seite kennen unternehmensinterne Mentoren die dortigen Verhältnisse besser als Führungskräfte aus anderen Organisationen („Cross-Mentoring"), die dafür aber einen distanzierteren Blick mitbringen und frei von Betriebsblindheit sind.

Es gibt in dieser Frage nicht die ultimative, beste Lösung. Sie können sich auch selbst auf die Suche nach einem Mentor oder einer

Mentorin machen und einflussreiche Persönlichkeiten ansprechen. Am besten funktioniert das, wenn Sie im Unternehmen bereits als Hoffnungsträgerin positiv aufgefallen sind. Sollten Sie lieber nach einer Frau oder einem Mann Ausschau halten? Eine Mentorin kennt viele Ihrer Herausforderungen sehr wahrscheinlich aus eigener Erfahrung, während ein Mentor Sie mit der männlichen Sicht auf die Dinge bekannt machen kann. Auch hier gibt es also keinen Königsweg. Meiner Erfahrung nach ist die Idealbesetzung ein einflussreicher männlicher Mentor, der ein authentisches Interesse daran hat, Frauen zu fördern, und auch kein grundsätzliches Problem damit hat, von Frauen „überholt" zu werden. Die Verhaltensökonomin und Harvard-Professorin Iris Bohnet hat dafür einen lebenspraktischen Tipp: Informieren Sie sich, wie viele Töchter ein Manager hat. Empirische Erhebungen deuten darauf hin, dass familieninterne Rollenvorbilder erheblichen Einfluss auf eine positive Haltung zu Frauen im Beruf haben.[20]

Nutzen Sie außer Mentoring auch andere Möglichkeiten der Weiterentwicklung. Durch Coaching oder den Besuch von Seminaren lassen sich manche Fehler vermeiden und Karrierewege abkürzen. Wenn Ihr Unternehmen bei der Weiterbildung geizt – oder wenn es um ein Thema geht, bei dem Sie sich inoffiziell professionalisieren möchten – nehmen Sie selbst Geld in die Hand und schreiben Sie es als Investment in sich und Ihre Karriere ab. Last but not least ist das Beobachten vorbildhafter erfolgreicher Personen im Unternehmen eine kluge Form der „Weiterbildung": Wie macht der oder die das – andere überzeugen, Vorhaben durchsetzen, Skeptiker ins Boot holen usw.? Was unterscheidet solche potenziellen Vorbilder von denen, die sich vergeblich abstrampeln? ▌

WAS UNTERNEHMEN JETZT TUN KÖNNEN, UM FRAUEN VORANZUBRINGEN

99,5 Jahre. So lange wird es nach Berechnungen des Weltwirtschaftsforums (WEF) dauern, bis Männer und Frauen tatsächlich gleichberechtigt sind, wenn man die seit 2006 jährlich erhobenen und seitdem gemachten Fortschritte hochrechnet („Global Gender Gap Report 2020"). Noch düsterer sieht es aus, wenn man den Faktor „ökonomische Teilhabe" („Economic Participation and Opportunity") isoliert betrachtet und die anderen drei Faktoren – Gesundheit, Bildung, politische Mitbestimmung – außen vor lässt. Im Bereich Wirtschaft kommt der WWF bei Fortschreibung der Entwicklung der letzten 13 Jahre auf eine Frist von 257 Jahren, bis geschlechterbezogene Unterschiede tatsächlich eingeebnet sind. Das wäre dann im Jahre 2277, was man getrost ins Reich der Science-Fiction verbannen kann. Deutschland bildet da keine Ausnahme: Im weltweiten Gesamtranking von 153 Staaten belegte die Bundesrepublik 2020 Platz 10 (Schweiz: Platz 18, Österreich: Platz 34); im Bereich Wirtschaft rutschte Deutschland rasant ab, auf Platz 48 (Schweiz: Platz 34, Österreich: Platz 49). Mit anderen Worten: Es tut sich wenig bis gar nichts in Sachen Frauenkarriere, trotz Quotendiskussion, Frauenförderung, Genderdebatte. Wie kann das sein? Warum greifen die bisherigen Maßnahmen nicht? Auch das Allgemeine Gleichstellungsgesetz (AGG) hat mit seinem Inkrafttreten 2006 schließlich schon fast 15 Jahre auf dem Buckel, offenbar ohne nennenswerte Wirkung entfaltet zu haben.

GUTE ABSICHTEN REICHEN NICHT

Meine Erfahrung ist: Allein mit Absichtserklärungen und Hochglanzbroschüren kommen wir nicht weiter. Zu tief sitzen traditionelle Rollenklischees, zu zählebig sind etablierte Machtstrukturen, als dass sich nur mit gutem Willen viel ändern ließe. Fast jedes Unternehmen beschäftigt sich schon heute in seiner Personalabteilung mit Diversität, etliche definieren

Regeln und schulen ihre Belegschaft gegen Sexismus. Man debattiert über flexible Arbeitszeitmodelle und Homeoffice-Möglichkeiten, reklamiert Familienfreundlichkeit für sich und zielt damit inkonsequenterweise nach wie vor primär auf Frauen, die „Beruf und Familie besser vereinbaren" sollen. So schreibt man im Grunde nur die alte Diskriminierung unter neuer Überschrift fort. Und dann gibt es noch die Unternehmen, die alle möglichen Maßnahmen in Sachen Diversität anschieben (Workshops, Frauenförderseminare, moderne Leitbilder usw.), weil es heutzutage das Image verlangt und weil es Umsatz kosten kann, wenn man öffentlich als ewig gestrig gebrandmarkt wird. Schließlich sitzen in den Marketingabteilungen der Organisationen immer öfter Frauen, die ein Auge darauf haben, wie ein potenzieller Dienstleister in Genderfragen aufgestellt ist. Also braucht man ein paar Vorzeigefrauen, hinter denen das bewährte Buddy-Business ungestört weitergehen kann. Als Beraterin für Fragen der Gender Diversity war ich häufig mit dieser Form des „Social Washing" (analog zum „Green Washing" in Umweltfragen) konfrontiert. Sie selbst gehören sicher nicht dazu, sonst würden Sie dieses Buch vermutlich gar nicht erst lesen.

Aus all dem folgt: Was wir brauchen, um ernsthaft Fortschritte zu erzielen bei Diversität und echter Teilhabe (Inklusion) ist zweierlei: erstens einen Kulturwandel in den Unternehmen (verbunden mit einem entsprechenden Mentalitätswandel) und zweitens belastbare Zahlen und messbare Maßnahmen. Nur was messbar und damit kontrollierbar ist (und am besten auch noch Boni und Gratifikationen beeinflusst), wird mit hoher Wahrscheinlichkeit auch umgesetzt. Das gilt in Fragen der Diversity genauso wie in anderen Unternehmensfragen. Beide Ansatzpunkte, die Unternehmenskultur und die quantifizierbaren Maßnahmen, greifen dabei ineinander. Das eine funktioniert nicht ohne das andere.

Wie verändert man eine Unternehmenskultur als Gesamtheit der ausgesprochenen und unausgesprochenen Normen und Verhaltensregeln im Unternehmen? Tatsächlich muss eine Kulturveränderung von der

Spitze ausgehen, mit glaubwürdigen Signalen dafür, dass es dem Topmanagement ernst ist mit gelebter Vielfalt. Dazu gehört die Besetzung von Spitzenpositionen mit Frauen, und zwar nicht nur in klassischen Frauenressorts (Personal und Marketing oder Kommunikation) und nicht nur in Form der einsamen Quotenfrau, die vom herrschenden System entweder auf männliche Linie getrimmt oder in die Isolation gedrängt wird (vgl. hierzu Teil III). In der Systemtheorie geht man davon aus, dass es einen Anteil von zirka 30 Prozent „Andersartiger" braucht, um ein System zu verändern. Wie viele Personen wären das in Ihrem Vorstand? Glaubwürdige Rollenvorbilder an der Spitze signalisieren dem Nachwuchs, dass man es als Frau in dieser Organisation schaffen kann. Sie müssen allerdings von Karrierechancen im mittleren Management flankiert werden, damit die Talent-Pipeline nicht mittendrin abreißt.

Häufig wird in diesem Zusammenhang von Unternehmensvertretern eingewandt, man würde ja gerne mehr Managementpositionen mit Frauen besetzen, aber es fehle nun einmal an Kandidatinnen – die Frauen wollten schlicht nicht oder sie wiesen nicht das gefragte Kompetenzprofil auf. Das wirft die Frage auf, was es über eine Unternehmenskultur aussagt, wenn talentierte Frauen hartnäckig zögern, den nächsten Karriereschritt zu tun? Und was sagt es über die Personalpolitik eines Unternehmens aus, wenn es erst gar keinen weiblichen Führungsnachwuchs aufgebaut hat? Sollte beides kein Einzelfall sein, liegt der schwarze Peter vermutlich eher in einer männlich dominierten Führungskultur als bei den abwinkenden oder fehlenden Kandidatinnen. Bei angeblich mangelhafter Kompetenz empfiehlt es sich, einmal genauer unter die Lupe zu nehmen, welche ausgesprochenen und unausgesprochenen Erwartungen die Besetzung von Positionen bestimmen. Nicht selten regiert bei Rekrutierung wie Beförderung im Unternehmen das Gesetz der Ähnlichkeit: Schmidt sucht Schmidtchen – jemanden, der einem selbst ähnelt, oder zumindest jemandem, der dem bisherigen (erfolgreichen) Stelleninhaber möglichst nahekommt. Ähnlichkeit schafft Sympathie, und Ähnlichkeit ist bequem, weil vertraut und vorhersagbar. Es dürfte allerdings schwierig sein, beispielsweise für einen männlichen Stelleninhaber mit technischem Hintergrund und Ingenieur-Diplom, Mitte 30, alleinverdienender Familienvater, wertkonservativ, Autonarr und Fußballfan, einen weiblichen Zwilling zu finden, sodass praktisch kaum noch auffällt, dass man es plötzlich mit einer Frau zu tun hat. Und selbst wenn dies gelänge, würde sich durch solche Besetzungen an der Kultur praktisch nichts ändern, das heißt, es würde eben keine Diversität gelebt, sondern die Bewahrung des Status quo. Anders gesagt: Diversität setzt per definitionem die Bereitschaft zur Auseinandersetzung und Zusammenarbeit mit dem „Anderen" und erst einmal „Fremden" voraus. Aus dieser Spannung und gegenseitigen Ergänzung heraus erwächst eben ihr Vorteil, wenn sie gepaart ist mit Integration verschiedener Sicht- und Herangehensweisen, sodass alle Beteiligten sich gleichermaßen willkommen und inkludiert fühlen können.

Das Schmidtchen-Prinzip mag theoretisch anmuten, ich habe es in der Praxis jedoch vielfach beobachtet. Meine Kollegin Anke Beekhuis, Expertin für Gender Balance, berichtet exemplarisch von einem Vorstand, der binnen eines Vierteljahres vier 30-jährige Männer in wichtige Stellvertreterpositionen hievte, „weil diese ihn an seine eigene Anfangszeit im Unternehmen erinnerten". Gleichermaßen geeignete Frauen wurden erst gar nicht in Betracht gezogen.[21] Was man nicht sucht, kann man aber auch nicht finden. Das ist die eigentliche Ursache des vermeintlichen Mangels an weiblichen Kandidaten in vielen Bereichen. Die *AllBright Stiftung*, die sich „für mehr Frauen und Diversität in Führungspositionen der Wirtschaft" einsetzt, prägte pressewirksam die These vom „Thomas-Kreislauf", um darauf hinzuweisen, dass der Zuwachs von Frauen in Vorstandspositionen der 160 börsennotierten Unternehmen in Deutschland 2017 dem Zuwachs von Männern mit dem Vornamen Thomas entsprach: „Thomas rekrutiert Thomas und der wiederum einen Thomas, der ihm sehr ähnlich ist", so die pointierte Schlussfolgerung der Stiftung.[22] Der Thomas-Kreislauf greift nicht erst an der Spitze, sondern auch in mittleren Positionen, auch wenn man dort altersbedingt vielleicht treffender von einem Oliver- oder Sven-Kreislauf sprechen sollte. Wenn der direkte Vorgesetzte in einem unstrukturierten Auswahlprozess maßgeblich beeinflusst, wer eingestellt oder befördert wird, besteht daher eine hohe Wahrscheinlichkeit der Fortschreibung und Stabilisierung des Bestehenden. Er wählt aus, wer ihm vertraut ist und daher als risikoloser und für ihn persönlich wenig fordernder Kandidat erscheint. Meine Erfahrung aus der Modebranche in New York bestätigt dies eins zu eins, und es ist natürlich kein rein männliches Prinzip. Auch eine erfolgreiche Frau kann in Versuchung geraten, ihr jüngeres Selbst bevorzugt zu behandeln. Oder aber umgekehrt: Es Frauen besonders schwer zu machen, weil sie sich selbst ja auch „durchbeißen" musste (Phänomen der sogenannten Bienenköniginnen, mehr dazu in Teil II).

KONKRETE MASSNAHMEN

Die Wirkung auf den weiblichen Nachwuchs, der intelligent genug sein dürfte, um das Schmidtchen-Prinzip zu durchschauen, kann man sich ausmalen. Wenn Diversity mehr sein soll als ein hippes Feigenblatt zur Beruhigung von Kunden und anderen Stakeholdern, muss es vom Topmanagement glaubwürdig verkörpert werden. Es genügt dann nicht, diese Frage ins Personalreferat wegzudelegieren, sondern es heißt, selbst Flagge zu zeigen. Das beginnt schon bei der persönlichen Präsenz auf einschlägigen Veranstaltungen. Lässt sich der Vorstand nicht einmal beim Kick-off-Meeting sehen, kann es so ernst nicht gemeint sein. Zu weiteren praktischen Maßnahmen gehören:

- eine Überarbeitung der Recruiting- und Personalentwicklungsprozesse,
- Maßnahmen im Employer-Branding, die Chancengleichheit und Diversität (im Hinblick auf Frauen, aber auch auf andere diskriminierte Gruppen) signalisieren,
- konkrete Angebote, die Mitarbeiterinnen und Mitarbeitern die

Vereinbarkeit von (Vollzeit-)Arbeit und Familie ermöglichen,

- faire Aufstiegschancen für Frauen – was vermutlich nicht ohne Quoten zu erreichen sein wird,
- ein Verhaltenskodex für Meetings und Projektvergabe, der die männlichen Spielregeln konterkariert,
- Führungspersonal, das diese Unternehmenskultur lebt – was entsprechende Zielvorgaben und Boni ebenso einschließt wie Sanktionen bei Nichterreichen der Ziele,
- flankierende Maßnahmen wie Mentoring und Netzwerkveranstaltungen für Frauen im Unternehmen, aber auch geschlechterübergreifend.

Einige kurze Anmerkungen zu den einzelnen Punkten. Polemisch formuliert, greift beim Recruiting die Regel, dass man das Austrocknen des Sumpfs lieber nicht den Fröschen überlassen sollte. Es ist schwierig bis unmöglich, mit den gleichen Prozessen wie bisher eine neue, ausgewogenere Personalauswahl zu treffen, da die vertrauten Wahrnehmungsgewohnheiten, Vorurteile und Verhaltensweisen sich unweigerlich immer wieder Bahn brechen werden. Das gilt selbst bei gutem Willen aller Beteiligten, denn es ist nur menschlich. Wir alle sind Opfer unbewusster kognitiver Schemata und Erwartungen, für die sich im angelsächsischen Raum der Begriff „Unconscious Bias" eingebürgert hat. Es gibt etliche bekannte Beispiele für den massiven Einfluss unbewusster geschlechtsspezifischer Vorurteile.

So hat sich der Frauenanteil in Symphonieorchestern in den USA vervielfacht, seit der Auswahlprozess leicht verändert wurde und mögliche Kandidaten hinter einem Vorhang vorspielen. Durch dieses „blinde Vorspiel" versiebenfachte sich der Anteil der Musikerinnen in Spitzenorchestern seit 1970 von 5 auf 35 Prozent.[23] Orchesterleiter und Dirigenten haben immer für sich in Anspruch genommen und vermutlich auch ehrlichen Herzens geglaubt, ausschließlich auf musikalische Qualität zu achten. Doch offenbar beeinflusste ihre Vorstellung des typischen (=

männlichen) Orchestermusikers, was sie hörten. In ihrer Wahrnehmung spielten die Männer tatsächlich besser. Bekannt geworden ist auch die „Howard/Heidi"-Studie, in der Studierende an der Columbia Business School zwei Versionen eines identischen Kompetenzprofils bewerten sollen. Ist der dort beschriebene Tech-Gründer und einflussreiche Manager männlich („Howard"), würden die Befragten ihn gern einstellen. Heißt die Protagonistin dagegen „Heidi", sammelt sie zwar ebenfalls Kompetenzpunkte, wird aber als unsympathisch eingestuft. Man mochte lieber nicht mit ihr zusammenarbeiten und würde sie auch nicht einstellen. Reales Vorbild für die Studie war übrigens die Vita der Silicon-Valley-Investorin Heidi Roizen.[24] Ähnliche Befunde werden immer wieder publiziert. Frauen werden als Wissenschaftlerinnen weniger zitiert, sie erhalten weniger Forschungsgelder, sie werden als Gründerinnen weniger ernst genommen usw. In meinem Fall ließ der Sachbearbeiter der *Bundesagentur für Arbeit* meinen Antrag auf Gründungszuschuss einfach wochenlang unbeantwortet, weil er sich (Zitat) „nicht vorstellen konnte, dass eine Frau ein Technologieunternehmen gründet". Das erfuhr ich aber erst, als ich ihn nach vielen Wochen persönlich in seinem Büro aufsuchte und zu einer Stellungnahme zwang. Selten werden solche Urteile offen ausgesprochen. Dabei sind wir alle Opfer unserer diskriminierenden Voreingenommenheiten. Auch Frauen mokieren sich beispielsweise bei anderen Frauen häufig über Äußerlichkeiten, die sie Männern durchgehen lassen, ja, die sie bei Männern nicht einmal wahrnehmen. Merkels Blazer oder von der Leyens Frisur sind ein Thema, Seehofers lichter Bürstenschnitt oder die Slim-Fit-Anzüge von Heiko Maas nicht.

Um das „Unconscious Bias" auszuhebeln, plädiert die Verhaltensökonomin und Harvard-Professorin Iris Bohnet daher für stärker formalisierte und teilweise anonymisierte Auswahlprozesse, etwa für strukturierte Bewerberinterviews mit einem festen Fragenkatalog, bei denen jede Antwort unmittelbar bewertet wird; außerdem für eine Serie von Einzelinterviews, an deren Ende die Unternehmensvertreter ihre Bewertungen vergleichen, um eine Urteilsverzerrung durch schwer kalkulierbare Gruppenprozesse zu vermeiden. Auch Stellenanzeigen tragen stark dazu bei, ob sich Frauen angesprochen fühlen. Die pflichtschuldige „m/w/d"-Klammer beim Jobtitel nützt wenig, wenn in der Aufzählung der Schlüsselqualifikationen männlich assoziierte Eigenschaften wie „durchsetzungsstark", „anspruchsvoll" oder „führungsstark" dominieren.[25] Die Personalexpertin Silke Göddertz untermauert diese These durch eine Studie mit knapp 300 Probanden, in der weiblichen und männlichen Absolventinnen Stellenanzeigen vorgelegt wurden, die sich ausschließlich in den genannten Schlüsselqualifikationen unterschieden. Waren diese laut einer Vorstudie männlich konnotiert (z. B. „analytisches Denken", „Verhandlungsgeschick"), schreckte dies Frauen von einer Bewerbung ab, anders als neutrale Eigenschaften (z. B. „Selbstständigkeit", „hohe Auffassungsgabe") oder vermeintlich weibliche Eigenschaften (z. B. „Teamfähigkeit", „Kommunikationsfähigkeit"). Männer bewarben sich übrigens unterschiedslos auf alle Anzeigen. Schon durch die durchdachte Formulierung von Stellenannoncen lässt sich also ein Bewerberpool erheblich beeinflussen. Das gilt auch für die Erwähnung von Gender-Diversity-Maßnahmen oder solchen zur Work-Life-Balance, die von weiblichen wie männlichen Absolventinnen in einer zweiten Studie Göddertz' mit knapp 800 Befragten positiv bewertet wurden. Lediglich die Erwähnung einer Frauenquote würde männliche Bewerber teilweise abschrecken.[26]

Es spricht also einiges dafür, gewohnte und vermeintlich bewährte Rekrutierungsmethoden auf den Prüfstand zu stellen und sich dabei auch auf einschlägige Forschungsergebnisse zu stützen. Auch in der Personalentwicklung und bei Beförderungen ist es riskant, sich primär auf das Urteil der jeweiligen direkten Führungskraft zu verlassen, statt eine breitere Basis von Erfahrungswerten zugrunde zu legen. Und da man mittelfristig nur dann mehr Frauen an der Spitze haben wird, wenn man dem weiblichen Nachwuchs von Anfang an Chancen eröffnet, sollte man Hoffnungsträgerinnen konkrete Perspektiven bieten, um sie im Unternehmen zu halten. Dazu gehört auch, den besten Talenten Jobs auf den

Leib zu schneidern, statt ausschließlich nach starren Stellenprofilen auf Kandidat(inn)ensuche zu gehen.

Beim Employer-Branding geht es unter anderem darum, wie sich das Unternehmen nach außen, beispielsweise auf der Website, in sozialen Medien, auf Messen und Veranstaltungen oder in der Presse als Arbeitgeber präsentiert. Welche Mitarbeiterinnen und Mitarbeiter werden abgebildet, wer kommt zu Wort, wo sind Sie präsent, wen sponsern Sie, für welche Werte stehen Sie? Sind auf Unternehmensfotos tatsächlich „diverse" Teams zu sehen? Gibt es weibliche Vorbilder? Wer vertritt das Unternehmen auf Tagungen und wer darf dort ans Rednerpult? Welche Diskussionen werden im Intranet oder in öffentlichen Blogs geführt? Unvergessen ist das Beispiel einer Provinzbank, die mit einem Foto für die hausinterne „Karriereleiter" warb: Dort posierten die männlichen Azubis auf den oberen Stufen, während junge Frauen ihnen die Leiter hielten. Dafür bekam die *Sparkasse Birkenfeld* die „Goldene Runkelrübe" für herausragend schlechtes Personalmarketing.[27] Ein weiterer Punkt neben mehr Sensibilität in solchen Fragen: Meine Erfahrung ist, dass Frauen insgesamt im Vorfeld mehr Informationen über das Unternehmen und potenzielle Jobs suchen als Männer. Hier wären beispielsweise Videos und Jobporträts mit weiblichen Protagonisten eine Chance. Wer Frauen für sein Unternehmen gewinnen will, sollte Frauen sichtbar machen, die bereits dort arbeiten, und zwar auf allen Unternehmensebenen. Je diverser eine Unternehmenskultur insgesamt ist, desto attraktiver wird sie für Frauen, denn je mehr Unterschiede gelebt und geschätzt werden, desto weniger werden auch sie ausgegrenzt.

Zur Vereinbarkeit von Beruf und Familie ist schon so viel geschrieben worden, dass ich hierauf nicht ausführlicher eingehen möchte. Jede konkrete Maßnahme, die die Koordination von Familien- und Schulalltag mit dem Berufsalltag erleichtert, ist zu begrüßen – von flexiblen Arbeitszeiten und Homeoffice über die Unternehmens-Kita bis hin zu kreativen Maßnahmen wie einem „Großeltern-Service" durch frühere Mitarbeiter, die kurzfristig bei der Kinderbetreuung einspringen. Letztlich werden solche Programme aber nur dann greifen, wenn die Unternehmen gleichzeitig signalisieren: Es ist uns wichtig, Mitarbeiterinnen und Mitarbeiter mit Familie zu halten und ihnen – wenn sie dies anstreben – in gleicher Weise Karrieremöglichkeiten zu eröffnen wie anderen. Warum sollte Führung nicht in einer Dreiviertelstelle möglich sein? Weshalb sollen nur Frauen Teilzeit nehmen? Was ist mit Jobsharing-Modellen? Wieso kann man den Unternehmensalltag nicht so gestalten, dass Väter und Mütter Kita-Zeiten und Meeting-Zeiten vereinbaren können? Es gibt schließlich kein Naturgesetz, dass Besprechungen am späten Nachmittag produktiver sind als morgens. Und da sich Teilzeit in der Regel als Karrierefalle erweist, sollten Frauen und Männer eher ermutigt und unterstützt werden, mehr arbeiten zu können, wenn sie dies wollen, als in einen Halbtagsjob mit ungewissen Wiedereinstiegsmöglichkeiten gedrängt zu werden.

Deutliche Signale an die Frauen, dass man sie im Job halten möchte, sind mehr als wünschenswert. In den USA gehen Unternehmen wie Apple oder Facebook sogar so weit, die Kosten für das „Social Freezing" (Einfrieren von Eizellen) zu übernehmen, um Frauen mehr Flexibilität bei der Familienplanung zu ermöglichen.[28] Das lässt sich sicher kontrovers diskutieren, doch die Botschaft – „Wir möchten, dass du bleibst" – ist zu begrüßen. Wünschenswert wäre auch, das Familienthema nicht länger primär als Frauenthema zu behandeln, sondern Väter und Mütter in dieser Hinsicht gleichzustellen. Hier setzt auch der Gesetzgeber die falschen Signale, wenn er die Elternzeit nicht paritätisch, sondern in 12 plus 2 Monate – de facto meist 12 Mütter- und 2 Vätermonate – aufteilt. Traditionelle Rollenmuster und unser Unconscious Bias rücken Gleichberechtigung in Familienfragen derzeit noch in die Zukunft. Aber vielleicht belehren uns ja die Generationen Y, Z und deren Kinder eines Besseren, wenn sie an den Schalthebeln angekommen sind.

Wer außerdem den Frauenanteil auf mittleren und hohen Karrierestufen maßgeblich erhöhen will, wird um eine verpflichtende Quote nicht herumkommen. Die Praxiserfahrung zeigt, dass vage Absichtserklärungen und Selbstverpflichtungen nicht ausreichen, um etablierte Machtstrukturen aufzuweichen. Erst die gesetzliche Quote hat dazu geführt, dass plötzlich doch 30 Prozent Frauen für Aufsichtsräte zu finden waren – und bislang auch nicht mehr. Das Fehlen einer Quote im Vorstandsbereich dagegen hat den Status quo dort zementiert, bis hin zu Extremen wie der schon zitierten „Zielgröße Null". Beiersdorf-Aufsichtsrätin Manuela Rousseau unterstreicht: „In der Vergangenheit haben wir Frauen nur dann Fortschritte erzielt, wenn diese durch eine gesetzliche Änderung erreicht wurden."[29] Das beginnt mit dem Frauenwahlrecht (1918) über das Recht auf Kontoeröffnung (1962) oder das Recht auf Berufsausübung ohne Erlaubnis des Ehemanns (erst 1977!). Im Oktober 2018 sorgte ein Artikel in der Wochenzeitschrift *Die Zeit* für Furore, der den Anteil von Frauen in Ministerien und Bundesbehörden untersuchte. In Anlehnung an den Thomas-Kreislauf im Management war hier spöttisch von der „Hans-Bremse" die Rede, denn seit 1949 gab es weniger beamtete Staatssekretärinnen (nämlich 19) als Staatssekretäre mit dem Vornamen Hans (nämlich 24). Nur ein Viertel der Bundesbehörden wird von Frauen geleitet, und es gibt etliche, an deren Spitze es auch im 21. Jahrhundert noch nie eine Frau geschafft hat, beispielsweise den Bundesnachrichtendienst, das Bundesamt für Verfassungsschutz oder das Bundeskriminalamt. Daran hat auch das Bundesgleichstellungsgesetz von 2001 nichts ändern können, denn es sieht keinerlei Sanktionsmaßnahmen vor und ist somit ein zahnloser Tiger. Anne von Fallois, früher Abteilungsleiterin im Bundespräsidialamt, heute Leiterin des Hauptstadtbüros der Personalberatung *Kienbaum*, macht dafür „Empfehlungskartelle" verantwortlich. Vorgesetzte folgen einfach der „erlernten Routine". Und der Verwaltungsjurist Torsten von Roetteken, der den Kommentar zum Bundesgleichstellungsgesetz verfasst hat, sagt sogar: „Insgesamt bewegt sich die Gleichstellungspolitik der Bundesregierung in der Nähe zum Betrug. Man gaukelt der Bevölkerung vor, alles für die Gleichstellung der Frauen zu unternehmen, doch das stimmt nicht."[30] Nüchtern betrachtet stellt sich immer wieder heraus: Wo es um Macht geht, muss sie den bisherigen Machtinhabern abgetrotzt werden. Freiwillig gibt niemand Macht ab – in der Politik nicht und auch in den Unternehmen nicht. Weil die Quote so wichtig ist und weil sie nach wie vor ein Reizthema ist, wird sie in Teil II ausführlich diskutiert.

Außerdem wünsche ich mir, dass die unausgesprochenen Spielregeln im Unternehmen, die überwiegend männlich geprägt sind, stärker reflektiert und auch geändert werden, wenn sie sich als kontraproduktiv erweisen. Dazu gehört beispielsweise die – pardon – übliche „Dödel-Parade" zu Beginn eines Meetings, bei der es nicht um die Sache geht, sondern allein um Reviermarkierungen und Machtgehabe unter Männern, um die Spielregeln festzusetzen. Das nervt sicherlich nicht nur Frauen und ließe sich durch eine sachorientierte Moderation und die zeitliche Begrenzung von Redebeiträgen eindämmen. Ein anderes Beispiel ist die Vergabe interessanter Aufgaben und Projekte, bei der Frauen oft das Nachsehen haben, weil sie nicht gleich „Hier" rufen, wie es Männer häufig tun. Hier könnte man eine schriftliche Kurzbewerbung einführen, bei der Aspirantinnen und Aspiranten binnen x Tagen Argumente zusammenstellen, warum gerade sie für das Projekt geeignet sind. Und bevor die ersten Leserinnen oder Leser wittern, hier entstehe eine Genderpolizei, die den Joballtag mit Vorschriften überfrachtet: Es gibt hier keine „One fits all!"-Lösung für alle Unternehmen. Aber ich bin überzeugt, dass in einem Umfeld, das es ernst meint mit der Diversität sowie vor allem mit dem Inklusionsaspekt und das für diese Thematik sensibilisiert ist, konstruktive Vorschläge gesammelt werden können, die mit wenigen Änderungen viel bewegen. Von selbst ändern sich Verhaltensweisen nun einmal nicht.

Das gilt auch für Führungsverhalten und Führungsmaximen. In vielen Unternehmen gibt es nach wie vor „frauenfreie" Zonen und andere Abteilungen, in denen Frauen mehr Chancen haben. Schon an der Universität begegnete ich Professoren, die nur männliche „Hiwis" (Hilfskräfte) und Assistenten hatten, und solchen mit gemischten Teams. Schauen Sie sich um. Es würde mich überraschen, wenn es in Ihrem Unternehmen nicht ähnlich ist. Manche Chefs „finden einfach keine fähigen Frauen", andere offenbar schon. Wenn Diversity im Team bonusrelevant und mit klaren Zielen versehen wäre, würde sich das sehr wahrscheinlich ändern. Je weniger Frauen dabei in eine Sonderrolle gedrängt werden und je mehr es dabei darum geht, Vielfalt generell – Jung und Alt, mit Migrationshintergrund und ohne, männlich und weiblich – zu leben, umso besser für alle und umso besser fürs Geschäft.

Last but not least sollen Maßnahmen nicht vergessen werden, die klassisch unter der Überschrift „Frauenprogramme" subsummiert werden, etwa Mentoring für den weiblichen Führungsnachwuchs oder Netzwerkveranstaltungen zum gegenseitigen Austausch und zur weiteren Professionalisierung. Aufgrund der schon mehrfach betonten Bedeutung weiblicher Rollenvorbilder sind dabei Workshops, Kamingespräche oder ähnliche Veranstaltungen mit erfolgreichen Managerinnen interessant. Gleichzeitig sollten aber auch geschlechterübergreifende Vernetzungen gefördert werden, denn schließlich geht es darum, dass alle gemeinsam mehr erreichen.

Einzelne Unternehmen gehen bereits ernsthafte Schritte in Richtung Diversität und Inklusion. Als „ernsthaft" betrachte ich dabei alle Maßnahmen, die konkret und deren Erfolge messbar sind. Ein Beispiel ist das US-Tech-Unternehmen *Mozilla*. Chief Innovation Officer Katharina Borchert von *Mozilla* nennt 2019 folgende Punkte:

- Die Veröffentlichung der Diversity-Zahlen,
- Diversity-bezogene Jahresziele für Führungskräfte,
- veränderte Recruiting-Prozesse, darunter ein Interview- und Bewertungstraining, das für mehr Fairness sorgen soll,
- einen „Veranstaltungskodex" – *Mozilla* unterstützt keine Veranstaltung (finanziell oder durch Redner), „die sich nicht aktiv um mehr Diversity bei Rednern bemüht", also nicht „mindestens eine Frau oder zum Beispiel eine Person anderer Hautfarbe oder mit Behinderung auf einem Panel hat",

- ein Team, das sich ausschließlich mit dem Thema Diversität und Inklusion beschäftigt, sowie
- klare Prozesse für den Umgang mit Verstößen.

Borchert empfiehlt: „Man sollte sich unbedingt von Experten beraten lassen, deren Arbeit evidenzbasiert ist. Die Forschung hat in den letzten Jahren sehr viel aufgezeigt, was in der Praxis wirklich funktioniert und was nur auf dem Papier gut aussieht.“[31] Diesem Grundgedanken folgt offenbar auch der Catering-Konzern *Sodexo*. Aus der Erkenntnis heraus, dass man Manager am besten mit Zahlen überzeugt, erhob das Unternehmen Key Performance Indikatoren der Teams von 50.000 Führungskräften weltweit (das Unternehmen beschäftigte 2018 insgesamt rund 460.000 Mitarbeiterinnen und Mitarbeiter). Das Ergebnis: Business Units mit einem höheren Frauenanteil (40 bis 60 Prozent) zeigten eine messbar bessere Performance, etwa bei der operativen Gewinnmarge, bei Kunden- und Mitarbeiterbindung und auch bei der Mitarbeitermotivation. Der positive Zuwachs betrug dabei je nach KPI zwischen 10 und 14 Prozent.[32] Der *Allianz*-Konzern ist ein weiteres Unternehmen, das im Bereich „Diversity & Inclusion" klare Ziele formuliert hat, Manager für deren Erreichung in die Pflicht nimmt und Zahlen dazu veröffentlicht.[33]

Diversity und Chancengleichheit lassen sich managen wie andere Erfolgsfaktoren auch – und *man* muss sie ähnlich managen, wenn man tatsächlich etwas erreichen will. Belastbare Anstrengungen sind wirkungsvoller als „weiche" Maßnahmen wie etwa Seminare zum „Unconscious Bias" für Manager,[34] nach denen Teilnehmer sich pflichtgemäß geläutert zeigen, ihr Verhalten womöglich aber nicht ändern und auch keine Veranlassung dazu haben, weil weitermachen wie bisher keine Konsequenzen hat. Verhaltensökonomin Iris Bohnet sieht sogar Indizien dafür, dass solche Trainings nach hinten losgehen, weil die „beschulten" Manager ihre Teilnahme als eine Art moralischen Persilschein verstehen, um anschließend Frauen weiter zu diskriminieren (nur mit gutem

Gewissen, weil man ja die Fallstricke der Urteilsverzerrung kennt und vermeintlich berücksichtigt).[35] Wenn Sie als Frau überlegen, einen Arbeitsvertrag mit einem Unternehmen zu unterschreiben, schauen Sie also am besten genau hin, wie viele Frauen es dort auf den verschiedenen Managementebenen tatsächlich gibt und welche belastbaren Maßnahmen man für mehr Diversity dort ergreift.

AM WENDEPUNKT: BEHERZT DEN SCHRITT INS MITTELMANAGEMENT TUN

Welche Verhaltensempfehlungen lassen sich vor dem Hintergrund der skizzierten Erkenntnisse zum Thema und auf der Basis eigener Karriereerfahrungen jungen Frauen geben, die sich von Einstiegspositionen ins Mittelmanagement entwickeln wollen? Es sind die Folgenden:

- Fleißaufgaben meiden, Prestigeprojekte sofort annehmen. Bei karrierewichtigen Entscheidungen nicht lange zögern. Männer greifen einfach zu und schauen im Nachhinein, wie sie es umsetzen – ein klarer Wettbewerbsvorteil für sie.
- Pragmatisch an Herausforderungen herangehen. Es ist besser „einfach mal zu machen", als zu lange auf das perfekte Ergebnis zu warten. Perfektionismus steht Frauen oft im Weg.
- Nicht nur sachlich, sondern auch karrierestrategisch denken: Nützt ein Projekt oder eine Person Ihrem beruflichen Fortkommen? Verschafft eine Aufgabe Ihnen mehr Sichtbarkeit im Unternehmen?
- Aufpassen, nicht das fleißige Bienchen zu sein, das mit Routineaufgaben eingedeckt wird, und sich auf keinen Fall von Kollegen Aufgaben zuschustern lassen.

- Chefs und Kollegen nicht den Eindruck vermitteln, dass der Job weniger Priorität hat als anderes (Freizeit, Hobbys, Familie). Negativindizien sind: keine Erreichbarkeit, viele Krankentage, Ablehnung von Dienstreisen, Meiden von Teamevents außerhalb der Arbeitszeit.

- Karriereambitionen deutlich aussprechen, etwa im Mitarbeitergespräch – sagen Sie, dass Sie weiterkommen wollen und was Sie sich vorstellen. Warten Sie nicht darauf, „entdeckt" zu werden.

- Es sofort öffentlich kundtun, wenn männliche Kollegen die eigene Idee als ihre verkaufen wollen – sachlich, aber deutlich. Das gilt allerdings nicht für Ranghöhere, die Sie im Gegenzug fördern.

- Souveränes Auftreten üben – präsent, laut, aufrecht sein und auf keinen Fall züchtig, unterwürfig und beschwichtigend lächelnd. Pokerface üben und das Herz nicht auf der Zunge tragen.

- Sich einen männlichen Mentor suchen. Dieser muss sichtbar und respektiert sein und darf keine Angst haben, von Frauen überholt zu werden. Ideal ist ein Alpha-Mann mit der glaubhaften und ehrlichen Mission, Frauen zu fördern. Für eine solche Zusammenarbeit empfehlen Sie sich, wenn der Mentor auch davon profitiert, etwa durch Stärkung seiner Position oder bessere Außenwirkung.

- Privat den Partner in die Pflicht nehmen, sich gleichberechtigt um Haushalt und Kinderbetreuung zu kümmern, damit dieser Faktor kein Hindernis für die Karriereentwicklungen (und kein Ablehnungsvorwand für den Arbeitgeber) ist. Das setzt voraus, dass eine ambitionierte Frau sich einen Partner sucht, der ihre Pläne unterstützt. ∎

STATEMENTS

» Wenn Sie jungen Frauen zum Karrierestart nur einen Tipp geben dürften – wie würde der lauten? «

Ich habe erfolgreiche Frauen und Männer gefragt, was ihr wichtigster Rat an Jobeinsteigerinnen wäre. Hier ihre Antworten. Die Vitae der Befragten finden Sie am Ende des Buchs.

Dorothee Bär
MITGLIED DES BUNDESTAGS (MDB)
UND STAATSMINISTERIN

„Mein Tipp an junge Frauen zum Karrierestart: ‚Ich kann das.' Männer gehen immer davon aus, dass sie einen Job gut machen können, Frauen stellen sich viel zu oft selbst in Frage. Deshalb warten Männer auch nicht, bis sie gefragt werden, ob sie einen Job übernehmen möchten. Frauen erwarten leider meist genau das: gefragt zu werden. Wir müssen uns aber schlichtweg die Hälfte vom Kuchen nehmen und nicht zögern. Dabei können wir auch nicht auf Krücken wie die Quote verzichten, sonst ist der Fortschritt für uns Frauen leider nicht einmal eine Schnecke. Mut und Selbstvertrauen sind also die entscheidenden ‚Fähigkeiten'. Daher zitiere ich gerne den griechischen Philosophen Demokrit: ‚Mut steht am Anfang des Handelns, Glück am Ende.'" ∎

Stefanie Kuhnhen

GESCHÄFTSFÜHRERIN STRATEGIE/
PARTNER BEI GRABARZ & PARTNER

„„Wenn du dir das zutraust, dann trauen wir dir das auch zu – also, los!' Wahrscheinlich hatte ich das große Glück, mit diesem Grundvertrauen meiner Eltern aufzuwachsen, was in mir vor allem zwei Dinge ganz tief verankert hat: die Fähigkeit, Dinge zu schaffen. Und der Glaube daran, dass sie durch mich auch gut werden. Dieses Selbstvertrauen hat in mir vor allem eines gepflanzt: Zuversicht. Heute weiß ich, dass meine Zuversicht das Wichtigste ist, um als Unternehmerin erfolgreich zu sein. Denn wer optimistisch nach vorne schaut, sucht nicht nach Problemen, sondern steht immer auf der Seite der Lösung. Wer nach vorne schaut, reißt auch Leute mit und begeistert sie. Und das gepaart mit einer Riesenportion Tatkraft, der Freude am Gestalten und Wirken, das ist mein Erfolgsrezept und Rat an junge Frauen." ∎

Maria Gräfin von Scheel-Plessen
GLOBAL HEAD OF MEDIA AND
ADVERTISEMENT BEI MONTBLANC

„Mein Tipp für junge Frauen zum Karrierestart ist es, Farbe zu bekennen und Mut zur Individualität zu zeigen. Es ist wichtig, dass wir für etwas stehen und unseren Standpunkt klar formulieren. Dass wir uns trauen, die Themen auf den Punkt zu bringen und sie auszusprechen. Ich würde jeder Frau den Tipp geben, die eigenen Werte zu definieren und nach diesen zu leben. Junge Frauen sollten sich zu 100 Prozent mit sich und ihren Vorstellungen, ihren Stärken und Schwächen auseinandersetzen und sich dieser annehmen. Je mehr wir uns dessen bewusst sind, desto stärker können wir sie zu unserem Vorteil nutzen. Dies geht oft im Alltag unter, ist aber unglaublich wichtig. Wenn wir wissen, wofür wir stehen, was wir repräsentieren und welche unsere Vision ist, erleichtern wir uns Meetings, in denen wir eventuell eine andere Meinung vertreten als alle anderen, diverse alltägliche Business-Situationen, in denen unsere Meinung sonst untergehen mag, und zudem weiß unser Gegenüber, wofür wir stehen. Auch unsere Karriere können wir somit aktiv gestalten und haben ein klares Ziel vor Augen. Ich habe den Eindruck gewonnen, dass Männer das Ziel von vornherein vor Augen haben – für viele Frauen ist dies beim Karrierestart noch nicht der Fall – sie lassen sich treiben und wollen niemandem vor den Kopf stoßen. Zudem würde ich empfehlen, einen Mentor innerhalb und außerhalb des Unternehmens zu definieren, welcher diverse Business-Situationen schon erlebt hat und entsprechend beraten kann. Der interne Mentor kann sogar den eigenen Kontext gegebenenfalls noch besser nachvollziehen."∎

02 MITTLERES MANAGEMENT ERFOLGE EINFAHREN: DIE KÄMPFERIN

» Ich habe immer Dinge getan, für die ich noch nicht ganz bereit war. So wächst man. «

Marissa Mayer

KARRIEREVERSPRECHEN:
„DIE BESTEN KOMMEN WEITER!"

Nach einigen Jahren in der IT-Branche übertrug mir die amerikanische Muttergesellschaft eines Unternehmens in der Technologiebranche die lokale Leitung ihres deutschen Büros. Vorausgegangen war eine schwierige Unternehmensphase, während der zwei Drittel der Belegschaft entlassen werden mussten. Als ich in die Position befördert wurde, war ich offiziell im Mittelmanagement angekommen. Nachdem ein paar „Aufräumarbeiten" erledigt waren, beschloss ich, neue Teamfotos machen zu lassen, um den Neustart unseres Unternehmens zu unterstreichen. Gesagt, getan. Ein professioneller Fotograf wurde engagiert. Die Shootings liefen den Nachmittag über gut – bis ich an der Reihe war. Der Fotograf wusste, dass ich die Chefin des Unternehmens bin und kam auf die Idee, neben den „langweiligen" Porträts auch etwas Außergewöhnliches zu fotografieren, etwas, mit dem ich als Frau in einer Männerdomäne hervorstechen sollte. Er verschwand kurz – und kehrte mit einem Maschinengewehr aus der Requisitenkiste zurück. Muss ich mehr sagen? Ein männlicher Fotograf bekommt den Auftrag, eine erfolgreiche Frau zu fotografieren, und hat die Assoziation „Maschinengewehr"?

DIE ENTSCHEIDENDEN JAHRE:
KÄMPFEN ODER FRUSTRIERTER RÜCKZUG?

Man kann diese Geschichte als amüsante Anekdote für den Kneipenabend abtun. Aber damit macht man es sich zu einfach. Es braucht kein Psychologiediplom, um vom vorgeschlagenen Accessoire auf ein Klischeebild zu schließen, das durch viele Männerköpfe (und auch manche Frauenhirne) geistert, wenn es um durchsetzungsfähige Frauen geht: das rücksichtslose Mannweib, die personifizierte Kriegerin. Dabei enthält das Klischee wie viele andere Stereotypen auch ein Körnchen Wahrheit: Wer sich im Mittelmanagement behaupten will, braucht Selbstbewusstsein, Nehmerqualitäten und Durchsetzungswillen. Und anders als die Mädels haben die Jungs schon im Sandkasten gelernt zu raufen und sich hinterher wieder zu vertragen. Jungen wollen der Beste sein, Mädchen wollen schön zusammen spielen und gemeinsam Sandkuchen backen. Männer nehmen Konkurrenz pragmatisch, Frauen nehmen sie persönlich. Ich vereinfache, schon klar. Dennoch bin ich überzeugt, dass diese tief verwurzelten Verhaltensmuster ein wesentlicher Grund dafür sind, dass Frauen sich mit der Eroberung ihres Anteils an der Macht so schwertun. Dabei kann man lange darüber diskutieren, was angeboren oder gar genetisch bedingt und was anerzogen ist. Bis heute ist ein rauflustiger Bub in vielen Augen ein „richtiger Junge", ein rauflustiges Mädchen ist ein Problemfall, zumindest aber beobachtungswert. Wer glaubt, solche Klischees seien längst überholt, muss sich nur auf der Straße umsehen: Der Absatz für pinkfarbene Kleidchen und Glitzer-T-Shirts scheint wieder zu steigen, und es sind nicht die Jungen, die sie tragen. Welches Frauenbild transportiert die aktuelle Teenagermode im Barbie-Style mit langer Mähne und hautenger Kleidung? *Germany's Next Topmodel* mit Heidi Klum läuft auch 2020 in der 15 Staffel noch erfolgreich. Doch feminine Lieblichkeit wird beim Aufstieg nicht belohnt – hier braucht es Standing, Durchhaltevermögen, Konfliktbereitschaft.

Das wäre nicht weiter erwähnenswert, hätte sich die Welt schon an Firmenlenkerinnen und Führungskräfte mit Haarmähne und Outfit in Pink gewöhnt. Dem ist aber nicht so. Nicht einmal ein Drittel aller Führungspositionen in Unternehmen ist mit Frauen besetzt. Deutschland liegt dabei im EU-Vergleich im unteren Drittel, weit hinter Lettland, Polen, Slowenien, Schweden oder Ungarn auf den Spitzenplätzen (mit 46,3 bis 39,4 Prozent Frauenanteil). Dabei bestürzt die Entwicklung der letzten 20 Jahre: Schon 1997 waren 26,4 Prozent des Führungspersonals in Deutschland weiblich, 2007 waren es 28,9 Prozent und 2017 29,4 Prozent – ein Zuwachs von nur 3 Prozent in zwei Jahrzehnten.[1] Auch die Zahlen im Mittelmanagement sprechen eine eindeutige Sprache. Die ausführlichsten Daten liefert hier die Firmendatenbank *Bisnode*, in der 228.000 Unternehmen mit rund 736.000 Managerinnen und Managern (davon 155.000 Frauen) verzeichnet sind. In Zusammenarbeit mit dem *Kompetenzzentrum Frauen im Management (Kompetenz-FiM)* der Hochschule Osnabrück erstellt *Bisnode* regelmäßig Studien. Danach waren zum letzten Zeitpunkt der geschlechterbezogenen Auswertung (2016) 11,7 Prozent der Positionen im Topmanagement mit Frauen besetzt, im mittleren Management waren es 30,4 Prozent. Dabei gibt es interessante Unterschiede: Im Osten Deutschlands leben offensichtlich mehr leistungsfähige Frauen als im Westen. So waren dort 13,4 Prozent der Toppositionen mit Frauen besetzt, im Westen waren es 11,3 Prozent. Gravierender fielen diese Unterschiede im Mittelmanagement aus, mit 38,8 Prozent Frauenanteil (Ost) gegenüber 29 Prozent (West). Das machte in den neuen Ländern rund ein Drittel mehr Frauenpower. Auch die Unternehmensgröße spielt eine Rolle: Während in Großunternehmen nur 7,3 Prozent der Toppositionen mit Frauen besetzt waren, lag der Anteil im Mittelstand bei 10,7 Prozent und in kleinen Unternehmen bei 12,8 Prozent. Im Mittelmanagement sind die Unterschiede auch hier größer: Frauen machten in Großunternehmen 20,5 Prozent der Mittelmanager aus, im Mittelstand 29,3 Prozent und in kleinen Unternehmen 38,5 Prozent. Zwischen den ganz großen und den kleinen Unternehmen klafft somit ein Unterschied von satten 88 Prozent.[2] Wenn man nicht unterstellt, dass Kleinunternehmen leistungsfähige Frauen anziehen, während die trägeren überwiegend in die Großunternehmen streben, oder dass im Osten die Frauen grundsätzlich leistungsbereiter sind als im Westen, muss es andere Gründe für diese Unterschiede geben – strukturelle, unternehmenskulturelle, vielleicht auch solche in der individuellen Sozialisation.

Solche Zahlen machen wenig Hoffnung auf die Zukunft. Denn wenn im Mittelmanagement die breite Basis wegbricht, schaffen es auch weniger Frauen ganz nach oben – einfach, weil es weniger Frauen gibt, die sich erste Sporen im Management verdienen und sich für höhere Aufgaben empfehlen konnten. Das Beratungsunternehmen *McKinsey* spricht in diesem Zusammenhang vom „broken rung", von der kaputten Sprosse auf der Karriereleiter, die – neben der bekannten Glasdecke – ein weiteres Hindernis auf dem Weg nach ganz oben ist. Auf der Basis der „Women in the Workplace"-Berichte, die *McKinsey* seit 2015 jährlich in Zusammenarbeit mit *LeanIn.Org* vorlegt, zieht das Unternehmen 2019 den Schluss, dass in den USA auf 100 in den Anfangsjahren ihrer Karriere zum Manager beförderte Männer nur 72 Frauen kommen. Würden Frauen in Corporate America fünf Jahre lang in gleicher Weise befördert wie ihre Kollegen, gäbe es am Ende dieser Frist eine Million mehr weibliche „First-Level-Manager".[3] In Deutschland dürfte die Situation kaum anders sein, wie nicht zuletzt die gängige Klage „Wir würden ja gern Frauen auf Topebene berufen, aber wir finden keine Kandidatinnen" belegt. Leider werden angesichts dieser Misere drei eigentlich naheliegende Fragen nur sehr selten gestellt:

1. Wieso gibt es eigentlich beim Jobeinstieg so viele gut ausgebildete Frauen, aber schon im mittleren Management bricht die Frauenquote ein?
2. Stimmen unsere Suchmechanismen und Suchprofile bei der Personalrekrutierung, oder verhindern alte Gewohnheiten und Sichtweisen, dass wir uns im Management „diverser" aufstellen? (Vgl. auch Teil I, „Was Unternehmen jetzt tun können".)
3. Was tun wir selbst bislang dafür, dass vielversprechende Einsteigerinnen in unserem Unternehmen zu Managerinnen aufsteigen können – und möchten?

Frauen wird es nach wie vor erheblich schwerer gemacht, beherzt den Schritt in die Führung zu machen. Und das liegt nicht nur und auch nicht primär an mangelhafter Kinderbetreuung. Verantwortlich sind vielmehr ein überkommenes Frauenbild und männlich geprägte Unternehmenskulturen, die aufstiegswilligen Frauen erheblich mehr Standing und Durchsetzungswillen abverlangen als ihren männlichen Kollegen.

Will ein Mann „nach oben", muss er sich dafür nicht rechtfertigen. Will eine Frau das Gleiche, muss sie sich auch heute noch fragen lassen, ob sie das kann, warum sie das will, wie ihr Partner und/oder ihre Kinder das finden, und wenn sie keine Kinder hat, ob es ihr nicht mal leidtun wird, dass sie kinderlos blieb. Die Personalleiterin eines großen Maschinenbauunternehmens wird regelmäßig gefragt, wie ihr „armer Mann" denn damit klarkomme, dass sie immer so lange arbeite. Sie hat aufgehört, darauf hinzuweisen, dass er die Kühlschranktür schon alleine aufmachen kann. Das gilt als zickig.

Der Aufstieg in einem Unternehmen ist für niemanden leicht. Karriere „passiert" nicht einfach so, sie wird gemacht, mit Klugheit, Kompetenz, Ehrgeiz, Hartnäckigkeit, Mut, taktischem Geschick und nicht zuletzt mit den richtigen Kontakten. Natürlich sagen viele Menschen, die es geschafft haben, hinterher lächelnd, „Ach, wissen Sie, ich habe auch viel Glück gehabt". Das wirkt sympathisch, ist aber allenfalls die halbe Wahrheit. Jede und jeder, der Karriere gemacht hat, hat eine ganze Menge dafür getan, damit das Glück zuschlagen kann. Karriere muss man wollen und zielstrebig verfolgen. Tut ein Mann das, wird er von seiner Umgebung bestärkt. Tut eine Frau das, ist es wahrscheinlich, dass Eltern und Schwiegereltern sich regelmäßig erkundigen, wann sie denn endlich Großeltern werden. Halbtags arbeitende Freundinnen werden wissen wollen, warum sie sich den Stress antut. Der Partner wird in vielen Fällen im Haushalt nur widerstrebend und auf Nachfrage mit anpacken, der Kollegenkreis über ihre Karrieregeilheit lästern und Vorgesetzte werden nur durch kontinuierlich überdurchschnittliche Leistung zu überzeugen sein, dass „auch eine Frau" den Job packt. Diese Vorurteile und Karrierebremsen muss eine ambitionierte Frau zusätzlich zur Karrierearbeit (er)tragen. Und da wundern wir uns, dass ein Teil der Frauen resigniert aufgibt?

Das klingt für Sie übertrieben und stereotyp? Leider folgt das Leben solchen Stereotypen, und Medien wie Populärkultur verstärken sie permanent. Ein banales Alltagsbeispiel: „Das perfekte Geheimnis", eine sehr erfolgreiche und prominent besetzte Kinokomödie von 2019 und ein schönes Beispiel dafür, welches Frauenbild heute einem breiten Publikum vermittelbar ist. Die Handlung ist schnell erzählt: Drei gut situierte Paare und ein Freund treffen sich zum Abendessen. Aus einer Laune heraus beschließen sie, dass alle Textnachrichten und Anrufe auf ihren Smartphones während des Essens öffentlich gemacht werden müssen. Das Unglück nimmt seinen Lauf, gut gehütete Geheimnisse werden gelüftet. Die Frauen: Eine smarte Psychotherapeutin, die sich die Brüste vergrößern lassen will, eine Tierhomöopathin, die glücklicherweise reich geerbt hat, sowie eine gutverdienende, gestresste Werberin, deren Mann für Haushalt und Kinder zuständig ist. Ein Lichtblick, sollte man meinen. Doch im Laufe des Abends erfährt man, dass man als Werberin offenbar nur Aufträge an Land zieht, wenn man ohne Höschen unterwegs ist. Am Ende bricht die Karrierefrau (gespielt von Karoline Herfurth) weinend zusammen und gesteht, dass sie eigentlich viel lieber bei den Kindern zu Hause bleiben würde, als sich den ganzen Stress anzutun. Sie habe eigentlich nur deshalb Karriere gemacht, weil man ihr eingeredet habe, dass Frauen das heute müssten. In der Schlussszene sitzt sie mit den lieben Kleinen entspannt auf dem Spielplatz, während der Gatte (Elyas M'Barek) nach der Rückkehr in den Beruf im Büro lächelnd und entspannt Komplimente für sein erstes Projekt einheimst. Kritisiert wurde der Film für seine „homophobe" Darstellung von Homosexualität. Am rückwärtsgewandten und sexistischen Frauenbild störte sich offenbar kaum jemand.[4] Ein anderes Beispiel: Die Medizinerin und Schauspielerin Maria Furtwängler ließ über ihre Stiftung *MaLisa* das Frauenbild in den sozialen Medien untersuchen. Analysiert wurden die 100 beliebtesten Musikvideos, die 100 beliebtesten YouTube-Kanäle sowie die Top 100 der Instagram-Profile. Furtwänglers Fazit: „Das uniforme Frauenbild ist alarmierend"; es orientiere sich „am Frauenbild der Fünfzigerjahre". Junge Frauen zeigten sich eher im privaten Raum und gäben Schminktipps, Männer deckten ein breiteres Themenfeld ab und dürften auch erkennbar „geschäftstüchtig" sein. In Musikvideos seien Frauen mehrheitlich

„sexy und passiv".[5] Ich will Sie nicht mit einer Analyse der sexistischen Klischees in der Werbung langweilen oder mit Alltagsanekdoten wie Kita-Schreiben, die sich ausschließlich an die „lieben Mamis" richten. Fest steht: Unsere Welt presst Frauen und Männer nach wie vor in Rollenstereotype, die den beruflichen Aufstieg einer Frau anders und negativer bewerten als den eines Mannes. Die typische Karrierefrau in Film und Fernsehen ist kalt, hartherzig und verbittert, die typische Sympathieträgerin führt allenfalls ein Café und ist in niedlicher Schürze auf der Suche nach dem Traumprinzen. Eine Frau, die beruflich weiterkommen will, kämpft daher immer an mehreren Fronten, und kaum ein Vorteil ist zu platt und kaum ein Spruch zu unterirdisch, als dass frau nicht irgendwann damit konfrontiert würde (vgl. den folgenden Abschnitt „Karrierealltag").

Zugleich tickt in den karriererelevanten Jahren zwischen Ende zwanzig und Ende dreißig die biologische Uhr immer lauter. Welche Prioritäten will eine Frau in ihrem Leben setzen? Dass Kinder und Karriere mühelos vereinbar seien, dürfte nach einigen Jahren im Job kaum noch eine ambitionierte Frau glauben. Es überrascht daher nicht, dass die typische Managerin in Deutschland überwiegend kinderlos ist (in 56 Prozent aller Fälle) und in mehr als jedem vierten Fall auch Single (28 Prozent). Bei den Managern sind dagegen 93 Prozent verheiratet und 80 Prozent haben Kinder, so die *Wirtschaftswoche* unter Berufung auf das *Manager-Barometer 2016* der Personalberatung *Odgers Berndtson*. Auch ein anderes Detail der Studie illustriert, warum Männer mit größerer Selbstverständlichkeit eine Führungskarriere einschlagen: „Besonders karriereambitionierte Manager haben in 55 Prozent der Fälle einen Geschäftsführer oder Vorstand zum Vater", heißt es dort.[6] Entsprechende weibliche Vorbilder dürften rar sein. Zusammenfassend bedeutet das: Männer haben bis heute in den meisten Fällen jemanden, der ihnen „den Rücken freihält", Frauen nicht. Das ist nicht nur hierzulande so. Managerinnen auf Senior Level haben auch in den USA doppelt so häufig einen Partner, der ebenfalls Vollzeit arbeitet wie Männer auf diesem

Karrierelevel, und es ist fünfmal wahrscheinlicher, dass eine Managerin im Doppelverdiener-Haushalt die Arbeit daheim allein oder fast allein übernimmt, als dass ein Manager das Gleiche tut, so eine Erhebung von *McKinsey* und *LeanIn.org* 2018.[7]

Nicht wenige Frauen treten nach einigen Jahren frustriert den Rückzug aus dem Unternehmen an, weil sie des Kämpfens müde sind, weil zu viele Männer trotz guter eigener Leistung an ihnen vorbeizogen und weil sie am Ende der Meinung sind, dass „es das nicht wert ist": „Dann werde ich eben schwanger!", diesen trotzigen Spruch habe ich mehr als einmal gehört. Natürlich gibt es keine Studie zur Familiengründung aus Frust. Und Frustpotenzial gibt es für Frauen beim Wettbewerb um Führungspositionen mehr als genug, wie die im folgenden Abschnitt zitierten Erfahrungen zeigen. Ein anderer Ausweg aus einer als unbefriedigend und zermürbend empfundenen beruflichen Situation ist für etliche Frauen der Weg in die Selbstständigkeit. So kommt die *bundesweite gründerinnenagentur (bga)* in einer umfassenden statistischen Auswertung 2015 zu dem Schluss, „dass insbesondere Frauen mit einigen Jahren Berufserfahrung und mit einer guten Qualifikation ein eigenes Unternehmen gründen". Zu den Gründungsmotivationen zählt die Initiative ausdrücklich die Erfahrung der gläsernen Decke im Unternehmen, die ein weiteres Fortkommen blockiere. Auch wenn das Gros der Gründerinnen (rund 56 Prozent) zwischen 25 und 44 Jahren ist, gründen zunehmend ältere Frauen ein Unternehmen: Knapp 17 Prozent sind bei Gründung zwischen 45 und 54 Jahre alt, knapp 10 Prozent sind zwischen 55 und 64.[8] Insgesamt steigt zwar die Zahl der Gründerinnen – zuletzt 2019 um 4 Prozent auf insgesamt 40 Prozent, während die Zahl männlicher Existenzgründer um 5 Prozent sank.[9] Die allermeisten Frauen bleiben dabei in vermeintlich frauentypischen Domänen. Die Klassiker: Boutique, Café, soziale Dienstleistungen. Und es stimmt schon nachdenklich, wenn frühere Beamtinnen, Lehrerinnen oder Stewardessen in einem Band mit dem Kleinmädchentitel „Sugar Girls" [10] dafür gefeiert werden, dass sie ein Café eröffnet haben – und wenn ein solcher Band in wenigen Jahren fünf Auflagen erreicht. Das sieht doch eher nach Eskapismus aus als nach einer soliden Geschäftsidee.

„FIXING THE WOMEN":
ANPASSUNG AN DIE MÄNNERWELT ALS AUSWEG?

Man gerät schnell in den Verdacht der Larmoyanz, wenn man auf Stereotypen und andere Karrierehindernisse für Frauen in der Businesswelt hinweist. „Sollen die Frauen sich halt ein wenig anpassen: tougher auftreten, ihre Interessen durchsetzen, bei den Spielen der Männer selbstbewusst mitmischen, dann wird es auch was mit der Karriere!", so in etwa der Tenor, gern verbunden mit dem Hinweis, das Leben sei nun mal kein Ponyhof. Diese Argumentation übersieht zweierlei: Erstens, dass eine Frau, die genau das tut, schnell als unweiblich, hart und unangenehm gilt und daher auf Widerstand stößt (vgl. auch Karrierekiller „Mannweib", S. 104). In der Psychologie bezeichnet man dies als Double-Bind-Situation, aus der es keinen Ausweg gibt. Gibt frau sich weiblich, mangelt es ihr an Durchsetzungsfähigkeit. Setzt sie sich durch, ist sie unweiblich und man verweigert ihr die Kooperation. Zweitens weist diese Argumentation die Verantwortung für die Misere einseitig den Frauen zu und setzt auf die Erhaltung des Status quo. Das ist ungefähr so, als wenn Sie einen Passanten grob anrempeln und ihm anschließend vorwerfen, dass er ja ebenfalls hätte rempeln können. Wenn wir die Unterrepräsentanz von Frauen in Führungspositionen der Wirtschaft dadurch zu lösen versuchen, dass Frauen sich benehmen sollen wie Männer, blockiert dies Veränderungen und verhindert zugleich den Mehrwert, den Diversität bieten könnte. Eben darauf zielt aber Inklusion.

In der Genderdebatte ist daher in den letzten Jahren eine Forderung immer lauter erhoben worden: „Stop fixing women!" – wörtlich: „Hört auf, die Frauen zu ‚reparieren'!"[11] Die Normen und Spielregeln am Arbeitsplatz müssten sich ändern, nicht die Frauen, so die Kernthese. Frauen seien nicht defizitär und müssten daher auch nicht mit Verhand-

lungs-, Körpersprache-, Rhetorik-, Durchsetzungstrainings und derglei-
chen mehr auf (männliche) Linie getrimmt werden. Stattdessen gehe es
um mehr Fairness und Transparenz am Arbeitsplatz, darum, Vielfalt zu
wertschätzen, statt alle auf ein uniformes traditionelles Karrieremodell
einzuschwören. Wohlfeile Tipps für Frauen (weniger lächeln, tiefer sprechen usw.) änderten nichts an den strukturellen Ursachen der Ungleich-
heit. „Die gläserne Decke verschwindet nicht durch Stimmtraining", sagt
Ute Symanski. Sie unterstützt als Coach Frauen bei der Wahrnehmung
von Führungspositionen im Wissenschaftsapparat, der in Fragen von
Macht und Einfluss kaum weniger patriarchalisch ist als die Wirtschaft.[12]

All das ist zweifellos richtig. Und es ist mehr als wünschenswert,
dass die Unternehmenskulturen sich so verändern, dass sie auch Frauen
und anderen bislang unterrepräsentierten Gruppen mehr Einfluss und
Chancen eröffnen. Die Frage ist allerdings, wie dies geschehen soll. Wie
die zu Beginn des Kapitels zitierten Zahlen belegen, mahlen die Müh-
len gesellschaftlichen Wandels im Zeitlupentempo. Appelle und selbst
wirtschaftliche Argumente, nach denen Diversität auch gut für Umsatz
und Gewinn ist (vgl. Teil I), haben in den letzten Jahrzehnten bei den
Unternehmen erschreckend wenig bewirkt. Und es ist bislang auch nicht
so, dass die nachwachsenden Generationen automatisch fortschritt-
licher und gleichberechtigter agieren, etwa dass junge Chefs Frauen und
Männer gleichermaßen fördern oder dass junge Väter ihren Frauen in
nennenswerten Zahlen den Vortritt bei der Karriere lassen bzw. sie zumindest gleichberechtigt unterstützen – was wiederum Unternehmen
zu neuem Handeln zwingen könnte. Die Spielregeln ändern sich nicht
durchs Wünschen, auch nicht durch Appelle, sondern nur durch ener-
gisches Handeln.

Einige Frauen ziehen aus dem Beharrungsvermögen männerdomi-
nierter Strukturen den Schluss, sich eben doch anzupassen – wenn man
so will: sich zu „fixen". Sie übernehmen männliche Verhaltensweisen
und Strategien, kleiden sich sachlich und ja nicht zu weiblich, reden
energisch und vermeiden Emotionen, geben möglichst wenig von sich

preis und verschwinden als Frau weitgehend hinter ihrer Führungsrolle. Sie beißen sich durch, mit allen seelischen und sonstigen Kosten, die das haben kann. Schaffen diese Frauen es auf der Karriereleiter nach oben, machen sie es vielfach den nachfolgenden Frauen nicht leichter, im Gegenteil. „Ich musste mich auch durchbeißen, also reiß dich zusammen und streng dich gefälligst an", könnte man diese Haltung zusammenfassen. Im schlimmsten Fall werden nachrückende ambitionierte Frauen von diesen Vorreiterinnen besonders stark als Konkurrenz wahrgenommen und aktiv bekämpft. Das Phänomen ist so verbreitet, dass sich dafür im angelsächsischen Raum der Begriff der „Queen Bee" (Bienenkönigin) eingebürgert hat, analog zum Bienenstock, wo die geschlüpfte Königin andere Königinnen-Larven tötet, um Konkurrenz zu vermeiden.

Die Frage bleibt also: Anpassung oder Abgrenzung zum „Männerspiel"? Und sie bleibt ein Dilemma für jede Frau, die es nach oben schaffen will. Es gibt keinen einfachen Ausweg aus dieser Zwickmühle. Meine Unternehmenserfahrung besagt: Frauen werden nicht darum herumkommen, ihr Verhalten sorgfältig zu reflektieren und zu überlegen, wie sie ihre Ziele in einem bestimmten Umfeld am besten erreichen. Das bedeutet nicht zwangsläufig und nicht immer die Anpassung an männliche Spielregeln, aber es bedeutet ein strategisches Vorgehen, das einkalkuliert, wie die andere Seite (noch) tickt. Bloßer Fortschrittsglaube oder gar das Hereinfallen auf frauenfreundliche Lippenbekenntnisse bringt die Frauen nicht weiter. Frauen müssen nicht „gefixt" werden, aber sie müssen bereit sein, zu taktieren, Verbündete zu suchen, sich nicht in die Karten schauen zu lassen (vgl. „Welches Verhalten jetzt weiterbringt"). All das müssen manche Männer im Übrigen auch erst lernen. Selbstreflexion und Persönlichkeitsentwicklung sind jeder Karriere förderlich und in jeder Führungsrolle zu empfehlen. Gleichzeitig sollten Unternehmen stärker als bisher in die Pflicht genommen werden, Frauen gleiche Chancen einzuräumen. Dabei geht es nicht darum, ihnen den roten Teppich auszurollen. Es reicht schon, wenn man ihnen nicht länger Steine in den Weg rollt. Und das wird ohne eine Quote nicht funktionieren – ein

Reizthema, auf das ich weiter unten ausführlich eingehe. Fazit: Frauen können nicht darauf warten, dass Strukturen sich ändern. Sie müssen mit den (noch) herrschenden Unternehmenskulturen klarkommen. Und die sind alles andere als optimal, wie die folgenden Beispiele zeigen. ∎

KARRIEREALLTAG:
GESCHICHTEN AUS DEM WIRKLICHEN LEBEN

Während der Jobeinstieg eine Experimentierphase ist, in der Frauen wie Männer gelegentlich Lehrgeld zahlen und hoffnungsfrohe Joberwartungen mit rauen Tatsachen konfrontiert werden, sieht man die Jobwelt nach einigen Jahren und etlichen Erfahrungen kritischer und geht Herausforderungen strategischer an. Hat man sich für Aufstieg und Karriere entschieden, wird man sein Umfeld sorgfältiger wählen, erst recht, wenn man als Frau die ersten desillusionierenden Erlebnisse hatte. Doch auch das schützt nicht vor bösen Überraschungen.

FRAUEN MACHEN DIE ARBEIT,
MÄNNER MACHEN KARRIERE

Einige Jahre vor der eingangs geschilderten Maschinengewehr-Episode, als Key-Account-Managerin bei einem großen Software-Unternehmen, war ich für den Aufbau eines Vertriebsbüros in Norddeutschland verantwortlich, stellte Mitarbeiter ein, verhandelte immer relevantere Deals mit immer größeren Umsatzvolumen. Ich wollte allen zeigen, dass ich es bis nach oben schaffe, und die Rahmenbedingungen schienen dafür perfekt. Bei der Aufbauarbeit konnte ich zeigen, dass es mir gelingt, ein Team zum Erfolg zu führen, und unsere Zahlen sprachen für sich – so dachte ich jedenfalls. Ich hatte das klare Ziel, die Niederlassungsleitung zu übernehmen. Dann wurde von heute auf morgen ein externer Manager eingestellt, um den Job zu übernehmen, für den ich zwei Jahre alles gegeben hatte. Der Mann war zehn Jahre älter als ich, mit längerer Erfahrung, aber deutlich weniger fachlicher Expertise und Verbindung zum Team. Sowohl das Team als auch ich waren geschockt, dass uns ohne Vorankündigung jemand vor die Nase gesetzt wurde.

Der neue Manager hielt sich zwar nicht lange, da er nicht die erwarteten Verkaufszahlen vorweisen und sich nicht im Team integrieren konnte. Doch auch danach setzte man wieder auf „Kompetenz von außen". Als mir dann noch auf der Betriebsfeier ein betrunkener Kollege sein Gehalt ins Ohr lallte, das fast doppelt so hoch wie meines war, kam ich ernsthaft ins Grübeln, ob ich am richtigen Platz bin. Um eine lange Geschichte kurz zu machen: Nachdem auch der neue Chef mein (halbes) Gehalt für ausreichend befand, habe ich meine Zielmarke woanders erfolgreich verhandelt und das Unternehmen verlassen. Gelernt hatte ich, dass auch sichtbare Erfolge nicht für eine Beförderung prädestinieren, sondern dass der Männerbonus für eine Frau in manchen Kontexten nicht zu brechen ist. Und wieder einmal bestätigte sich, dass keineswegs nur „sachliche" Kriterien bei der Besetzung einer Position eine Rolle spielen. Ob es Kontakte hinter den Kulissen gab (die bekannten Männerseilschaften) oder ob es einfach die implizite Erwartung (das „Unconscious Bias") gab, ein Mann würde auf dieser Position in jedem Fall noch mehr erreichen als jede Frau – ich weiß es bis heute nicht, denn offen thematisiert werden solche Faktoren natürlich nicht. Ein gern zitierter Hinderungsgrund schied jedenfalls aus: Ich hatte meine Karriereziele offen angesprochen und nicht etwa still gehofft, man würde meine Qualitäten entdecken und mich für mein Engagement von sich aus „belohnen".

Mit dieser Erfahrung stehe ich nicht allein da. Vor einigen Jahren veröffentlichten Soziologen der *Technischen Universität Berlin* eine qualitative Studie unter dem Titel „Generation 35 plus – Aufstieg oder Ausstieg?" In leitfadengestützten ausführlichen Interviews gingen sie den Karrierewegen in Wirtschaft und Wissenschaft auf den Grund. Im Bereich Wirtschaft befragten sie 18 weibliche und 13 männliche junge Führungskräfte. Ein zentrales Ergebnis: „In der Wirtschaft sind Männer und Frauen gleichermaßen karriereorientiert. Auffällig ist jedoch, dass bei Weitem mehr Frauen als Männer den Aufstieg in der Hierarchie explizit als Karriereziel angeben bzw. planen. Die jungen weiblichen Führungskräfte unseres Samples konterkarieren damit die unterstellte – und zur Erklärung der Unterrepräsentanz von Frauen in Führungspositionen häufig herangezogene – fehlende weibliche Karriereorientierung. Als Reaktion auf diese stereotype Zuschreibung kommunizieren die jungen Führungsfrauen – und das ist neu – ihre Karriereorientierung offensiv und vermeiden es offenbar tunlichst (…) ihren weiteren Aufstieg den Dynamiken der Strukturen zu überantworten." Doch berechtigte Ansprüche anzumelden ist nicht immer von Erfolg gekrönt, sodass etliche der Befragten, Männer wie Frauen, einen Ausstieg erwägen. Die Studienautoren differenzieren dabei zwischen „Kulturkritischen", die mit dem Widerspruch zwischen organisationalen Leitbildern und „einem als äußerst restriktiv erlebten Konzernumfeld" nicht länger leben wollen, „Dynamikern", die flexibel auf die Umstände reagieren, und „Entschleunigern", die sich von ihren Karrierezielen verabschieden, sozusagen in die innere Emigration flüchten.[13]

Das Leben ist nicht fair, und auch die Beförderungsmechanismen im Unternehmen sind es nicht. Das ist keine neue Erkenntnis. Doch je weniger transparent und je weniger formalisiert Beförderungen gehandhabt werden, desto stärker können Nebenziele, Partikularinteressen und die altbekannten Seilschaften Einfluss nehmen darauf, wer es auf der Karriereleiter weiter nach oben schafft und wer nicht (vgl. auch „Was Unternehmen jetzt tun können", S. 120). Und nicht selten ist es tatsächlich so, dass Frauen die Kärrnerarbeit leisten dürfen, während Männer die Früchte ernten. Ein Beispiel in meinem Netzwerk ist die Personalleiterin, die ihr Leben jahrelang ganz auf den Job ausrichtet, weitgehend auf Privatleben verzichtet und obendrein in einer schwierigen Zeit massiven Personalabbau organisiert – nur, um dann mit fadenscheinigen Gründen einen Aufhebungsvertrag präsentiert zu bekommen. Hintergrund: Ein erfolgloses Vorstandsmitglied, dessen Ausscheiden für das Unternehmen angeblich „zu teuer" würde, muss kurzfristig mit einem Posten versorgt werden. Und „Personal" kann ja angeblich jeder.

BITTE GUT AUSSEHEN, LÄCHELN UND SCHWEIGEN

Mein anschließender Job als Geschäftsleitung für ein amerikanisches Technologieunternehmen war noch männerlastiger als die vorigen. Ich ging jedoch davon aus, dass aufgrund der scheinbaren Fortschrittlichkeit und Akzeptanz von Frauen in der US-Wirtschaft bessere Voraussetzungen für Frauen herrschten. Zu diesem Zeitpunkt meiner Karriere wollte ich mich auf meinen Job konzentrieren und nicht zusätzliche Energie auf Grabenkämpfe verschwenden, die ausschließlich mit meinem Geschlecht zu tun hatten. Grundsätzlich waren die Strukturen für Frauen im neuen Unternehmen auch deutlich professioneller. Es gab Mentoring und Coaching-Programme, Netzwerktreffen der globalen weiblichen Führungskräfte und öffentlich beworbene Veranstaltungen zum Thema „Frauen in Technologieunternehmen". Ich fühlte mich endlich richtig aufgehoben und startete voller Elan mit dem Aufbau des Geschäfts. Hier war gefragt, was ich am besten konnte – Vertrieb und Unternehmensführung für meinen eigenverantwortlichen Bereich, so dachte ich.

Leider bekam das Bild vom amerikanischen Tech-Unternehmen, das Frauen in Führungspositionen fördert, schon bald Risse. In Meetings mit dem US-Management äußerte ich offen meine Einschätzung zu Marktaufbau, Produkt- und Preisstrategie, Teamaufbau und Kundenmanagement. Das war mein Job, und Frauen durften sich hier schließlich voll einbringen. Davon war ich überzeugt, bis unter dem Konferenztisch der erste Tritt gegen mein Schienbein kam – von meinem Vorgesetzten. Ach, das war sicher nur ein Versehen, nahm ich an. Wenig später wurde ich in einer Videokonferenz auf einmal ausgeblendet. Ich führte das auf eine schlechte Internetverbindung zurück. Dass mein Vorgesetzter mich „remote gemutet", also von außen stumm geschaltet hatte, wurde mir erst klar, als er mich kurz darauf nach einer Konferenz mit den

US-Kollegen schroff aufforderte, bitte zukünftig ausschließlich ihm das Reden zu überlassen. Ich könne in Meetings ab sofort gut aussehen und solle weiter nett lächeln, aber das Reden mit dem Management sei sein Job. Und nur seiner. Waren Frauen hier also nur als stille Mäuschen geduldet? Oder handelte es sich bei diesem Szenario um einen Einzelfall einer egozentrischen Persönlichkeit? Nach ein paar Wochen kündigte ich. Die Frage blieb für mich unbeantwortet, aber ich fühlte mich deutlich besser.

Eine wiederkehrende Erfahrung zieht sich wie ein roter Faden durch mein Berufsleben: Die schönsten Leitbilder und die vollmundigsten Versprechungen nützen einem nichts, wenn der direkte Vorgesetzte oder der unmittelbare Kollegenkreis ein Problem mit selbstbewussten Frauen hat. Dieses Phänomen ist durchaus verbreitet, und in vielen Feldern hofft man, sich mit einer pflegeleichten Alibifrau aus der Genderaffäre zu ziehen. Im Präsidium eines Branchenverbands erlebte ich, dass es nach hinten losgeht, wenn man fortschrittliche Absichtsbekundungen ernst nimmt. Mein ausdrückliches und erklärtes Ziel war es, Frauen in der Branche mehr Sichtbarkeit zu verschaffen und sie aktiv auf Veranstaltungsbühnen zu holen. Nach einigen Anlaufschwierigkeiten klappte das überraschend gut – offenbar zu gut für eine Fortsetzung unserer Zusammenarbeit. Denn vor den nächsten Vorstandswahlen legten mir meine ausschließlich männlichen Kollegen den freiwilligen Rücktritt nahe. Angeblich aus Gründen wie „fachlicher Fit", „strategische Ausrichtung" und „Interessenvertretung" der Vereinigung. Interessant ist, wie perfekt sich die sonst durchaus nicht immer einigen männlichen Vorstandsmitglieder im Vorfeld abgestimmt hatten. Ich sah mich unverhofft einer geschlossenen Front gegenüber. In punkto Seilschaften können wir Frauen noch viel von den Männern lernen. Das Beispiel illustriert, dass niemand – erst recht keine Frau – allein erfolgreich sein kann. Selbst ganz an der Spitze braucht man Verbündete (siehe Teil III), und klugerweise sichert man sich diese, bevor man kontroverse Themen angeht. Dazu braucht es manchmal mehr Geduld und Langmut, als mir persönlich eigen ist.

Die Doppelbödigkeit progressiver, frauenfreundlicher Parolen und einem „Weiter so!" hinter den Kulissen, das männliche Pfründe sichert, ist weit verbreitet. Dabei bleibt man meistens politisch korrekt und verschanzt sich hinter den immergleichen Pseudoargumenten. Die *AllBright Stiftung* hat sie in einem „FührungsFrauenFloskel-Bingo" zusammengestellt. Auszüge:

1. „Es gibt doch schon Frauen in Führungspositionen. Das erledigt sich mit der Zeit von allein." (AllBright bestreitet das zu Recht, denn das tatsächliche Veränderungstempo ist bekanntermaßen minimal.)
2. „Dass Frauen in Unternehmen diskriminiert werden, habe ich noch nicht erlebt." (Dazu AllBright: „Strukturelle Benachteiligung im Unternehmen bemerken vor allem die, die von ihr betroffen sind.")
3. „In unserer Branche arbeiten hauptsächlich Männer. Daher gibt es auch wenige Frauen in Führungspositionen." (AllBright weist darauf hin, dass in frauendominierten Branchen ja auch Männer führen, warum also nicht umgekehrt?)
4. „Bei uns spielt das Geschlecht keine Rolle. Was zählt, ist Qualifikation." (AllBright verweist darauf, dass die männliche Dominanz nicht so extrem wäre, würde das wirklich stimmen.)
5. „Frauen interessieren sich nicht für Wirtschaft, die studieren Sozialpädagogik oder Kultur." (Dagegen spricht, dass seit 2012 sogar mehr als die Hälfte der BWL-Absolventen Frauen sind.)
6. „Frauen entscheiden sich halt eher für die Familie als für die Karriere." (AllBright: „Frauen entscheiden sich eher für die Familie, wenn ihnen das Unternehmen keine attraktive Perspektive bietet.")
7. „Es haben sich keine Frauen für die Führungsposition beworben." (AllBright: „Dann hat das Unternehmen etwas falsch gemacht, denn Frauen sind nicht weniger ehrgeizig als Männer.")[14]

Am beliebtesten ist sicher Argument 4, die vermeintliche Beförderung nach Leistung. Polemisch rückgefragt: Wenn das tatsächlich stimmt, woher kommen dann all die männlichen Minderleister in Wirtschaft oder Politik? Die Verkehrsminister, die die Steuerzahlenden Hunderte von Millionen kosten durch übereilte Mautverträge? Oder die Supermanager, die ein Riesenunternehmen wie *ThyssenKrupp* erfolgreich zugrunde richten? Und wo bleiben die Frauen, die mit Bestleistungen ihre Ausbildung abschließen? Ich fürchte, Robert Franken, Unternehmensberater und Geschäftsführer im Online-Busines, hat Recht, wenn er sagt, „Meritokratie" (Herrschaft nach Leistung und Verdienst) sei „in Wahrheit männliche Systemerhaltung".[15] Machen wir uns nichts vor: Die Genderfrage ist auch eine Machtfrage, und es passiert äußerst selten, dass eine Gruppe freiwillig Macht an eine andere Gruppe abgibt.

„NIEMAND MIT VERSTAND IST AUTHENTISCH!"

Wenn eine Frau ernsthaft Karriere machen will, muss sie stets auf der Hut sein – so viel dürfte inzwischen klar geworden sein. Und mit dieser Erfahrung bin ich nicht allein. Ein besonders düsteres Bild vom beruflichen Aufstieg zeichnet die Unternehmensberaterin und Headhunterin Wiebke Köhler, die es bis zur Personalvorständin eines internationalen Konzerns brachte. Ihre schonungslose Abrechnung über „Machtspiele im Management" war sogar dem *Spiegel* einen Bericht wert.[16] Nicht in allen Unternehmen geht es so gnadenlos zu, sicher. Aber die Zusammenstellung von Schreckensbeispielen sollte Frauen (und auch Männer, falls nötig) von einem grundlegenden Irrtum heilen: dem Glauben, wer Karriere machen will, könne und solle „authentisch" sein. Frei nach dem bekannten, aber selbstmörderischen Motto „Ich will mich nicht verbiegen". Eine kleine Auswahl der nur halb ironisch gemeinten Empfehlungen von Köhler:

- „Intriganten gibt es überall! Wenn keine sichtbar sind, heißt das nicht, dass keine da sind – sondern dass Sie noch nicht genau genug hinschauen."

- „Natürlich reden Sie als Führungskraft nicht offen und ehrlich. Woher haben Sie denn diesen Unfug? Von der Uni? (…) Niemand, der bei Verstand und in einer Führungsposition ist, ist authentisch."
- „Lass deine Persönlichkeit zu Hause! (…) Je weniger Sie sich mit Ihrer Meinung und Ihrem Charakter exponieren, umso leichter können Sie jederzeit die Richtung ändern."
- „Sie wollen geliebt werden? Legen Sie sich einen Hund zu!"[17]

Köhler schildert eine Unternehmenswelt, in der eine Führungsfrau als „Die mit dem Smart" abgestempelt wird, weil sie nicht den üblichen, sondern einen kleineren Dienstwagen bestellt hat und in der ihr trotz bester Ergebnisse die weitere Beförderung versagt bleibt, weil sie deshalb „nicht repräsentabel" genug ist. Sie skizziert ein System, in dem einer Marketing-Geschäftsführerin mit einer glatten Lüge die Erfahrung abgesprochen wird und in der die achtlose Bemerkung einer neuen kaufmännischen Leiterin dazu führt, dass Gerüchte über ihre angebliche „Seniorenfeindlichkeit" in Umlauf gebracht werden, mit dem einzigen Ziel, ihre Position zu schwächen.[18] Um Missverständnissen vorzubeugen: Nicht nur Frauen werden mit solchen Tricks attackiert, das passiert auch Männern. Aber offenbar rechnen Männer eher damit und wissen sich eher zu wehren als Frauen, die häufig glauben, man könne Konflikte offen ansprechen, Loyalität werde belohnt und eine persönliche Note könne auch im Business nicht schaden.

Auch meine Erfahrung bestätigt: Spätestens, wenn frau im Mittelmanagement angekommen ist und sich dort für die Topebene empfehlen will, ist Vorsicht geboten. Ein Pokerface ist oft ratsamer als ein Vorpreschen mit der eigenen Meinung, Schweigen klüger als ein Kommentar, der angreifbar macht, und ein Gespür für die Machtverhältnisse wichtiger als gute Beziehungen zu jedermann. Wenn mit „Authentizität" unüberlegte Spontaneität sowie das unverstellte Zeigen von Gefühlen gemeint sind, dann ist Authentizität im Management tatsächlich problematisch. Was auf Sachbearbeiterinnen-Ebene vielleicht noch durchgeht, wird beim Aufstieg zum gefährlichen Hemmnis. Das sollte Frauen jedoch nicht abschrecken, denn aus der diffusen Forderung „Ich will authentisch (ich selbst) bleiben!" spricht eine gehörige Portion Naivität. Wir alle nehmen tagaus, tagein viele soziale Rollen ein: Wir treten im Sportverein anders auf als auf einer Fachkonferenz, argumentieren gegenüber Kunden anders als gegenüber Mitarbeitern und gehen auf Freunde anders zu als auf einen mächtigen Vorstand. Verhalten wir uns etwa „authentisch", wenn wir am Telefon einen mehrtägigen Besuch anstrengender Schwiegereltern abwenden wollen? Wenn wir pubertierende Sprösslinge von der Notwendigkeit eines Schulabschlusses überzeugen möchten? Oder wenn wir beim Jahresempfang einer Rede applaudieren, die das, was im Unternehmen im Argen liegt, mit hohlen Motivationsfloskeln überspielt? In welcher dieser Situationen ist man wirklich authentisch, ganz „man selbst"?

In Wahrheit wäre eine Welt, in der jede und jeder immerzu „authentisch" ist, furchtbar anstrengend. Kaum jemand möchte, dass einem die Kollegin auf die Frage, „Wie geht's?" tatsächlich von Magenschmerzen oder Geldsorgen erzählt. Soziale Rollen schaffen Distanz und machen das Miteinander erträglicher. Angemessener sollte es bei dieser Debatte nicht um „Authentizität" als diffuses Konzept mit unreflektiertem Wohlfühlanspruch gehen, sondern um die eigenen Werte und darum, welche davon unantastbar sind. Kernwerte definieren die eigene rote Linie. Diese Linie markiert, wo Strategie und Taktik enden und wo frau/man bereit ist, Flagge zu zeigen und dafür gegebenenfalls auch persönliche Nachteile in Kauf zu nehmen – frei nach Luther: „Hier stehe ich. Ich kann nicht anders." Dann sollte es aber um etwas mehr gehen als um die Marke des Dienstwagens oder darum, dass frau statt Businesskleidung lieber blumige Röcke tragen würde. Zur souveränen Haltung im Management gehört auch die Entscheidung, auf welchen Feldern sich zu kämpfen lohnt und wo man sich das Leben durch taktische Anpassung leichter macht.

DIE FEINDSCHAFT DER FRAUEN

Auch Frauen untereinander sind nicht nur empathisch, offen und „authentisch", auch sie taktieren und greifen mitunter zu unfairen Mitteln. Einer der gefährlichsten Frauenirrtümer im Job ist die Annahme, jede andere Frau sei automatisch und qua Geschlecht eine Verbündete. Ein Beispiel: Ich selbst diskutierte in meinen Anfangsjahren mit einer scheinbar „netten" und interessierten Kollegin regelmäßig meine Differenzen mit dem damaligen Vorgesetzten, besprach meine Argumentationslinie und mögliche Gegenargumente mit ihr. Durchsetzen konnte ich wenig – vermutlich auch, weil eben diese Kollegin ein Verhältnis mit dem Vorgesetzten hatte und dieser so bestens gewappnet in jedes unserer Gespräche ging. Das erfuhr ich aber erst viel später. Wie konnte eine Frau mich so hintergehen?! Heute weiß ich, dass meine Empörung naiv war.

Der Unternehmensberater Peter Modler geht in einem Buch „Die freundliche Feindin" den „weiblichen Machtstrategien" auf den Grund. Die Kernthese: Frauen sind nicht weniger aggressiv als Männer, sie tragen Aggressionen nur anders aus, verdeckter, aber nicht minder schmerzlich für die Betroffenen. Modler stützt sich auf Befunde der renommierten US-Soziolinguistin Deborah Tannen, wenn er die typische Kommunikation unter Männern als „vertikal", die unter Frauen als „horizontal" charakterisiert. Gemeint ist: Männer fechten in den meisten Fällen relativ offen Konkurrenz und Konflikte nach Rangordnung und Territorium aus, Frauen tendenziell versteckter über Zugehörigkeit und Inhalte. Wenn Sie schon in der Schule einmal von einer Mädchengruppe ausgeschlossen und geschnitten wurden, weil Sie sich eine davon zur Feindin gemacht hatten, sind Sie bereits auf der richtigen Spur. Später im Job erfolgt Ausgrenzung subtiler und auf den ersten Eskalationsstufen nicht selten unter dem Deckmantel der Freundlichkeit.

Oft besteht der „Fehler" der Angegriffenen allein darin, aus der Gruppe auszuscheren, etwa durch eine Beförderung. Auch wenn alle das offiziell „toll" finden und Sie lächelnd beglückwünschen, ist es nicht unwahrscheinlich, dass es hinter der freundlichen Fassade rumort. Nach und nach beginnt man, Ihnen das Leben schwer zu machen. Das fängt an bei der Instrumentalisierung persönlicher Informationen und beim freundlichen Appell an Ihr Verständnis für überzogene Forderungen („Du als Frau …"), geht weiter über das eisige Schweigen und verächtliche Mimik und endet im schlimmsten Fall bei der Verbreitung von Lügen und Gerüchten über Sie. Konflikte werden nicht mit offenem Visier ausgetragen, sondern aus der vermeintlichen Opferrolle persönlicher Betroffenheit, mit „Das hätte ich von dir jetzt nicht gedacht!" oder auch mit Tränen, die das Gegenüber entwaffnen und ihr/ihm ein schlechtes Gewissen machen sollen. In meinem eigenen IT-Unternehmen stellte ich bewusst viele Frauen ein und erlebte dabei manche Überraschung, in der ich heute typisch weibliche Aggressionsstrategien erkenne. An mich wurden Forderungen herangetragen, die man sich bei einem Chef vielleicht nicht erlaubt hätte: auf der Damentoilette kostenlose Tampons, Kamillenduftpapier, Lufterfrischer, Rosen-Seife oder aber auch Obst und Diät-Cola – kostenfrei natürlich. Eine zusätzliche Markise, weil die Sonne von 10:00 bis 10:30 Uhr blendet, einen zusätzlichen Tag Urlaub, wenn frau schon an einem Teamevent außerhalb der Kernarbeitszeit teilnehmen muss. Alles nicht dramatisch und auch machbar, wenn der Job erledigt wird. Wurde er aber nicht von allen. Einige Mitarbeiterinnen verschoben Kundentermine für private Anliegen, läuteten früh den Feierabend ein, obwohl Projekte nicht abgeschlossen waren, ließen Deadlines platzen und hielten Kunden hin. Ich musste Einzelgespräche führen und erlebte, dass junge Frauen meine Kritikpunkte schlicht als Zumutung empfanden: Ich müsse das doch verstehen, ich sei doch auch eine Frau. Echt jetzt? Gab ich nicht nach, setzte es böse Blicke, eisige Stimmung oder sogar Tränen.

Auch aus der vermeintlichen Opferrolle lässt sich das Gegenüber attackieren. Ein anderes Beispiel aus meinem Netzwerk: Eine Führungskollegin kommt von einer Dienstreise zurück und wird von ihrem Vorgesetzten zur Rede gestellt: Was sie denn mit ihrer „armen Assistentin" mache? Die sei vor einigen Tagen in Tränen aufgelöst bei ihm erschienen: Sie werde von ihrer Chefin gemobbt! Die Kollegin fiel aus allen Wolken. Was war passiert? Die Assistentin war – im Unterschied zu einigen anderen Sekretärinnen – immer sehr stark mit Arbeit eingedeckt. Im Hinausgehen hatte die Kollegin freitags augenzwinkernd gesagt: „Na, Sie sind sicher froh, mich mal ein paar Tage los zu sein!" Kann man das missverstehen? Ihre Mitarbeiterin konnte: Am folgenden Montag klopfte sie beim Abteilungsleiter an und berichtete schluchzend, ihre Chefin wolle sie loswerden und sei gemein zu ihr. Ob man sie nicht versetzen könne? „Zufällig" wusste sie von einer baldigen Vakanz bei einem Führungskollegen, dessen Assistenz bekanntermaßen weniger arbeitsintensiv war. Salopp formuliert: So wie nicht alle Männer Schweine sind, sind auch nicht alle Frauen Heilige.

Aus all dem kann man nur eine Schlussfolgerung ziehen: Führungsfrauen tun gut daran, auch beim eigenen Geschlecht auf vorsichtige Distanz zu setzen und nicht etwa automatische Solidarität zu unterstellen – weder nach oben, bei der eigenen Chefin, noch nach unten, bei Mitarbeiterinnen. In einer repräsentativen Studie zu Vorurteilen gegenüber Frauen in Führungspositionen äußerten 10 Prozent der weiblichen Befragten und 36 Prozent der Männer Vorbehalte. Der Clou: Sicherte man den Befragten Vertraulichkeit zu, verdreifachte sich der Anteil der Skeptikerinnen. Bei den Männern war der Anstieg deutlich geringer, um ein Viertel auf 45 Prozent. Befragt wurden 1.529 deutsche Studierende, also junge Leute! Auch rund eine Drittel der Frauen traute Männern offenbar mehr zu als ihrem eigenen Geschlecht.[19] Und da Frauen sich im Allgemeinen stärker über die Zugehörigkeit zu einer Gruppe definieren als Männer und Wert auf Harmonie und Gleichheit legen, müssen sie auch stärker mit Anfeindungen rechnen, wenn sie aus einer Gruppe der Gleichen ausscheren. „Die denkt wohl, sie ist was Besseres!", werden Sie selten aus dem Mund eines Mannes hören. Feministinnen haben für dieses Phänomen das Bild vom Krabbenkorb geprägt, der angeblich keinen Deckel braucht, weil jede Krabbe, die den Rand des Korbes zu erklettern versucht, von den übrigen wieder zurückgezogen wird.[20] Will sagen: Manchmal braucht es gar keine Männer, um Frauenkarrieren zu behindern. Das schaffen die Frauen mitunter auch ganz allein. Die nötige Distanz, die erforderlich ist, um sich in einer Führungsposition zu behaupten, fällt vielen Chefinnen vor diesem Hintergrund doppelt schwer. Erfahrene Führungsfrauen berichten daher häufig, dass sie zu Beginn ihrer Karriere noch versuchten, weiterhin ein freundschaftlich-kollegiales Verhältnis zu den Mitarbeitenden zu pflegen und erst lernen mussten, dass das nicht funktioniert. Eine Frau, die nicht zeigt, dass sie der Boss ist, wird nicht ernst genommen und im schlimmsten Fall ausgenutzt, auch von Mitarbeiterinnen. Womit wir bei empfehlenswerten Verhaltensweisen im Mittelmanagement wären. ∎

WELCHES VERHALTEN IM MITTLEREN MANAGEMENT WEITERBRINGT

Freuen Sie sich, wenn der erste große Karriereschritt geschafft ist und Sie zur Abteilungsleiterin, Bereichsleiterin, Regionaldirektorin oder in eine vergleichbare Position befördert wurden. Öffnen Sie daheim eine Flasche Champagner. Und am nächsten Tag krempeln Sie die Ärmel hoch. Denn es ist noch nicht geschafft, die Arbeit geht jetzt erst richtig los. Ein Großteil Ihrer Anstrengungen wird jenseits der fachlichen Herausforderungen liegen. Worum es dabei vor allem geht, lesen Sie in diesem Abschnitt.

SELBSTBEWUSST, TAKTISCH KLUG, ÖFFENTLICH PRÄSENT

1. Die eigene Führungsrolle finden
Was für eine Chefin wollen Sie sein? Was passt zu Ihnen, was zum aktuellen Umfeld? Sehr wahrscheinlich haben Sie schon Führungstrainings absolviert oder das eine oder andere Buch zum Thema gelesen. Sie wissen, was „kooperative Führung" sein sollte, haben sich mit dem Thema

Motivation auseinandergesetzt, vielleicht auch in einer Seminarrunde über „stärkenorientiertes", „virtuelles" und „agiles" Führen diskutiert. Das ist alles gut und hilfreich, doch Führen erlernt man ähnlich wie eine fremde Sprache: nicht, indem man Vokabeln paukt, sondern in der täglichen praktischen Umsetzung. Insbesondere unter Stress sind alle guten Ratschläge und Vorsätze schnell vergessen, und die eigene Persönlichkeit setzt sich durch. Temperamentvolle Menschen neigen dann zu Wutausbrüchen, konfliktscheue zum Rückzug usw. Nur wer sich selbst gut kennt und sich selbst führen kann, kann auf Dauer andere gut führen. Das mag eine Binsenweisheit sein, ist aber alles andere als einfach umzusetzen. Die eigenen Prägungen und Schwachstellen zu kennen ist hilfreich, ebenso die Reflexion über Führungsvorbilder, an denen man sich orientieren möchte. Im Mittelmanagement rückt außerdem neben der klassischen Mitarbeiterführung die horizontale Führung (Einbindung von Kollegen) und die Führung nach oben (Positionierung gegenüber dem Topmanagement) stärker in den Vordergrund. Mehr dazu unter „Mikropolitik" im nächsten Punkt.

In die Wiege gelegt ist Führung nur wenigen. Wer führt, tritt aus der Gruppe heraus und gehört ab sofort zu „denen da oben". Daran muss man sich gewöhnen, auch daran, für Entscheidungen in Mithaftung genommen zu werden, die man selbst nicht getroffen hat und vielleicht selbst auch anders getroffen hätte. Darüber hinaus werden auch Sie unpopuläre Entscheidungen treffen müssen. Bereits die erste Führungsaufgabe, etwa als Teamleiterin, ist dafür ein Übungsfeld. Für mich war Führung wie für die Allermeisten ein Lernprozess. Was ich dabei gelernt habe, war vor allem, genauer hinzuschauen, wenn ich Mitarbeitende einstelle, klarer zu sagen, was ich will, und vorsichtiger zu sein mit spontanen Reaktionen, die mir hinterher leidtun könnten.

Im Grunde führt jeder Mensch auf die ihm eigene, persönliche Weise und muss seine Art, die Führungsrolle auszufüllen, erst finden. Ratsam ist daher, sich im Vorfeld klar darüber zu sein, welche Form der Führung der eigenen Persönlichkeit angemessener ist, z. B. eine etwas forschere Klartext-Variante oder ein eher moderierender Zugang. Mitarbeitende kommen in der Regel mit unterschiedlichen Führungsstilen klar, vorausgesetzt, sie wissen, woran sie sind, und es geht fair zu. Problematisch ist dagegen, wenn eine Führungskraft das eine sagt und das andere tut, beispielsweise Kooperation predigt und es dann abstraft, sobald jemand anderer Meinung ist. Oder – wie ich es erlebt habe – wenn die Führungsperson Selbstständigkeit und Eigenverantwortung einfordert und dann unterm Meeting-Tisch Schienbeintritte austeilt, sobald dies jemand ernst nimmt. Formulieren Sie eindeutig, was Sie erwarten, worüber Sie informiert werden wollen und worüber nicht, wie man am besten Fragen mit Ihnen klärt (z. B. Politik der offenen Tür oder feste Sprechzeiten?) und vieles mehr. Klären Sie also die ganzen, vermeintlich banalen Kommunikations- und Organisationsfragen, in denen sich Führung konkretisiert – nicht in wolkigen Absichtserklärungen.

Achten Sie außerdem auf das Umfeld, in dem Sie sich bewegen. Pflegte die vorige Führungsperson einen autoritären Stil, wird das die Erwartungen Ihrer Mitarbeiterinnen und Mitarbeiter ebenso beeinflussen wie ein bisher gewohnter Laisser-faire-Stil. Es wird immer Mitarbeitende geben, die den Wechsel zu Ihnen erleichtert begrüßen, und solche, die der alten Chefin oder dem alten Chef nachtrauern. Es ist auch nicht ungewöhnlich, dass Mitarbeiterinnen oder Mitarbeiter deshalb Ihre Abteilung verlassen. Möglicherweise müssen Sie in einem autoritären Umfeld selbst etwas entschiedener auftreten oder ein erfolgreiches und sehr selbstständiges Team etwas weniger eng führen, als Sie das normalerweise tun würden – immer im Rahmen Ihres persönlichen Verhaltenskorridors. Wichtig ist auch die Frage, wie präsent weibliche Führungskräfte in Ihrem Unternehmen bislang sind. Je weniger das der Fall ist, desto eher sollten Sie auf Skepsis oder Widerstand gefasst sein – und zwar nicht nur von Männern, sondern auch von weiblichen Teammitgliedern, wie zuvor geschildert. Gerade bei der Entwicklung des eigenen Führungsstils kann die Zusammenarbeit mit einem Coach hilfreich sein (siehe „Die besten Karrierestrategien", S. 110).

2. Mikropolitik erkennen und beherrschen

In seinem Standardwerk zum Thema Führung definiert der Organisationspsychologe Oswald Neuberger: „Mikropolitik bezeichnet das Arsenal jener alltäglichen ‚kleinen' (Mikro-!)Techniken, mit denen Macht aufgebaut und eingesetzt wird, um den eigenen Handlungsspielraum zu erweitern und sich fremder Kontrolle zu entziehen."[21] Das bedeutet: In Imagebroschüren und Leitbildern wird beschrieben, wie das Unternehmen sein oder nach außen wirken möchte, Mikropolitik bestimmt, wie ein Unternehmen im Inneren tatsächlich funktioniert. So ist beispielsweise ein Organigramm eine äußerst unzuverlässige Informationsquelle, wenn es um die Machtverhältnisse in einer Organisation geht, weil es wenig über den tatsächlichen Einfluss, die Vernetzung und den Status der Abgebildeten verrät. Mikropolitik hat eine negative, zerstörerische Seite, wenn durch Günstlingswirtschaft und Verfolgung von Eigeninteressen dem Unternehmen Schaden zugefügt wird. Mikropolitik kann aber auch positiv dazu genutzt werden, notwendige Maßnahmen und Zukunftsprojekte durchzusetzen. Wer in einem Unternehmen weiterkommen und überdies vermeiden will, zum Opfer mikropolitischer Attacken zu werden, kommt daher nicht darum herum, sich mit diesem Schattenbereich auseinanderzusetzen. Frauen gehen manchmal davon aus, man könne und solle Sachfragen offen diskutieren und das bessere Argument werde sich durchsetzen. Doch selbst wenn die Zahlen eine eindeutige Sprache und klar für Sie sprechen, nützen Ihnen gute Argumente womöglich nichts – z. B. wenn Ihr Vorhaben einem Platzhirsch mit guten Verbindungen zum Topmanagement nicht gefällt. Es wäre sicher nicht das erste Projekt, das man gezielt im Sande verlaufen lässt oder hinter den Kulissen torpediert. Im schlimmsten Fall spinnt man eine Intrige, die Ihre Glaubwürdigkeit untergräbt und das Projekt gleich mit erledigt.

Welche Formen von Mikropolitik gibt es? Um jenseits offizieller „Dienstwege" und Verhaltensregeln eigene Interessen durchzusetzen, werden vor allem Kontakte, Verfahrenstricks und geschickte Formen der Selbstdarstellung genutzt. Zu den Kontakten zählen die sprichwörtlichen „Seilschaften", bei denen jemand Erfolgreiches seine Unterstützer nachzieht und absichert, eben wie bei der echten Seilschaft im Berghang. Auch Geschäfte auf Gegenseitigkeit gehören hierher (unterstützt du mein Projekt, unterstütze ich deines), ebenso wie der unbezahlbare gute Draht in die nächste Ebene, die eigene Vorhaben unterstützt. Gute Kontakte in andere Abteilungen und zu Kollegen auf gleichem Level liefern wertvolle Hintergrundinformationen. Gängige Verfahrenstricks sind das Hinauszögern von Entscheidungen bis hin zum Aussitzen, der bewusste Aufbau von Zeitdruck, z. B. vor Meetings, die sehr kurzfristige Bereitstellung umfangreicher Unterlagen, die daher kaum noch jemand gründlich lesen kann. Auch Überrumpelungstaktiken sind beliebt: Unerwartet taucht ein Punkt auf der Agenda auf, über den eine Entscheidung herbeigeführt werden soll. Die Grenzen zwischen üblichen Tricks und fiesen Methoden verläuft fließend, z. B. wenn „versehentlich" jemand mit auf (oder aus) einen Verteiler genommen wird, der das infrage stehende Projekt torpedieren oder fördern würde. Oder man legt eine wichtige Sitzung auf einen Termin, wo unliebsame Gegenspieler zuverlässig verhindert sind.

Auch bei der Protokollführung lässt sich tricksen, denn wer erinnert sich bei der Vielzahl der Meetings hinterher noch an jedes Detail? Und wenn doch, lag bedauerlicherweise ein „Missverständnis" vor. Der geschickte Umgang mit Informationen ist wesentlicher Bestandteil mikropolitischer Schachzüge. Wer erfährt was wann zu welchem Zweck? Wo lässt sich eine Botschaft unter dem Siegel der Verschwiegenheit geschickt streuen? Seien Sie vorsichtig damit, eigene Vorhaben und Ideen verfrüht preiszugeben, und noch zurückhaltender mit privaten Informationen. Was man nicht über Sie weiß, kann man auch nicht gegen Sie verwenden. Sonst wird, ehe Sie sich's versehen, aus dem selbst finanzierten „Kurlaub" eine Auszeit wegen drohenden Burn-outs („Die Arme sah die letzte Zeit ja doch sehr gestresst aus. Ob sie überfordert ist?").

Ohne souveränen Auftritt kann eine Karriere schnell beendet sein, es sei denn, der oder die Betreffende ist ein nützlicher Adlatus für Mächtigere und steht unter deren Schutz. Zur Selbstdarstellung gehören die üblichen Statussymbole, die frau tunlichst nicht ablehnen sollte, will sie sich nicht Spott oder Zorn der Statusorientierten zuziehen. Verweigern Sie das Statusspiel, werden Sie womöglich zur „Ökotussi", nur weil Sie lieber Bahn fahren als fliegen und den praktischen Kleinwagen der Limousine vorgezogen haben. Auch das passende Outfit, Körpersprache und Sprechweise fallen in diese Kategorie. Wer beobachtet, wie raumgreifend die eher zierliche Ursula von der Leyen agiert, oder wie selbstverständlich jemand wie Christine Lagarde Macht ausübt, weiß, in welche Richtung es gehen sollte. Das Reden über eigene Leistungen und Erfolge sollte flüssig über die Lippen gehen, ebenso wie das über Ihre Ziele, Projekte und was Sie dafür brauchen. Verbale Weichspüler wie „eigentlich", „vielleicht", „nur ein Vorschlag", „könnte" und „sollte" untergraben die eigene Autorität, gefragt sind klare Statements. Hin und wieder muss man dabei selbstbewusster auftreten, als man sich im Inneren fühlt. Ängste im Management sind immer noch ein Tabuthema, auch wenn viele Managerinnen und auch Manager erwiesenermaßen damit zu kämpfen haben und sich nach einer Studie des *Manager Magazins* von 2016 sogar häufiger vor Misserfolgen und Versagen im Beruf, Vermögensverlust und Demütigungen fürchten als der Bevölkerungsdurchschnitt.[22] Gehen Sie davon aus, dass Ihre vermeintlich unerschütterlichen Kolleginnen und Kollegen ebenfalls Ängste überspielen.

Heikel wird es bei Drohungen und Bluffs zum Zwecke der Einschüchterung und Durchsetzung eigener Interessen. Ob man oder frau das selbst einsetzen will, sei dahingestellt; zumindest aber sollte man die Tricks der „Gegenseite" durchschauen. Das gilt auch für die Blender, die es in fast jedem Unternehmen gibt – die Kollegen mit glänzender Außendarstellung, aber wenig Substanz. Mit ihnen kommt man erfahrungsgemäß am besten zurecht, wenn man ihnen pro forma die Bewunderung zollt, nach der sie erkennbar gieren. Ich selbst habe das schmerzlich erfahren, nachdem ich infolge einer Umstrukturierung einen neuen Chef bekam, der bei jeder Gelegenheit mit seinem Sportwagen, seinem Golf-Handicap, seinem sündhaft teuren Chronometer prahlte. Da mich solche Statussymbole nicht interessieren, beschloss ich, das Ganze zu ignorieren. Ein Fehler, denn bald schon stand ich auf seiner Abschussliste. Er machte mir das Leben schwer, wo immer es ging. Ein Beispiel war unser wöchentliches Meeting in London, zu dem ich ab sofort montags um 9 Uhr antreten musste. Sie können sich vorstellen, wann man in Hamburg aufstehen muss, um sich vor 9 Uhr in der Rushhour durch den Londoner Stadtverkehr gequält zu haben. Der Termin hätte auch auf 10 Uhr gelegt werden können, wenn der Bürotag in London ohnehin erst richtig begann. Hätte ich die teuren Spielzeuge meines Vorgesetzten andächtig bewundert, wäre mir einiges erspart geblieben. Manchmal geht es im Unternehmen tatsächlich zu wie in der Sandkiste, und dann ist es gut zu wissen, wessen Sandburg man ehrfürchtig bestaunen und wem man rechtzeitig mit der Schaufel auf die Finger klopfen muss.

Der wichtigste Aspekt der Mikropolitik ist und bleibt das Knüpfen von Beziehungen. Um Ihre Projekte durchzusetzen, brauchen Sie Verbündete im Unternehmen. Je besser Sie vernetzt sind, desto eher können Sie absehen, welche Ihrer zentralen Vorhaben im entscheidenden Meeting überhaupt eine Chance haben. Dazu brauchen Sie vor allem die Unterstützung derjenigen mit formeller und informeller Macht in der Runde, an die Sie sich klugerweise auch mit Ihren Statements richten. Es nützt Ihnen nichts, sondern schadet eher, wenn als „Loser" geltende Kolleginnen und Kollegen auf Ihrer Seite stehen. Idealerweise haben Sie vorab schon ein Meinungsbild eingeholt und sich genügend Unterstützung gesichert, um sich unnötige Niederlagen zu ersparen. Weitere Kontakte nach oben werden oft abseits des eigentlichen Arbeitsalltags geknüpft, bei Kamingesprächen, Neujahrsempfängen und anderen Feiern. Solche Events als unwichtiger als die „echte" Arbeit anzusehen, wäre daher ein taktischer Kardinalfehler. Unerlässlich wird eine solche Hausmacht, wenn man im Topmanagement angekommen ist und sich dort halten will (vgl. Teil III).

Abschließend helfen Ihnen folgende Fragen, die mikropolitischen Zusammenhänge in Ihrem Umfeld besser zu durchschauen:

- Wer kann erkennbar gut mit wem?
- Wer ist miteinander verfeindet?
- Wer hat mächtige Verbündete?
- Wer hat offenbar große informelle Macht, unabhängig von seinem formellen Status?
- Welche Abteilungen sind im Unternehmen besonders angesehen? Welche weniger? Und warum?
- Wer kommt im Unternehmen vorwärts? Gibt es verbindende Merkmale?
- Warum erzählt Ihnen jemand etwas? Welche eigenen Interessen könnte die oder der Betreffende damit verfolgen?
- Welche Kolleginnen und Kollegen können Sie als Verbündete gewinnen, um eigene Vorhaben durchzusetzen? Welche Gegenleistungen können Sie anbieten?
- Wo treffen Sie Vertreterinnen und Vertreter der Topebene? Wen sollten Sie unbedingt für sich gewinnen? Welche unternehmensinternen, aber auch -externen Interessen haben Sie möglicherweise gemeinsam?
- Von wem halten Sie sich besser fern?

Mikropolitische Sensibilität schützt Sie vor unvermuteten Attacken und kann Sie vor Niederlagen bewahren. Welche Taktiken Sie selbst aktiv einsetzen und wie weit Sie dabei gehen wollen, bleibt Ihre Entscheidung und hängt sicher auch davon ab, wie stark im Unternehmen insgesamt taktiert wird. In eine Schlangengrube sollte man sich besser nicht unbewaffnet wagen. Und noch einmal: Hüten Sie sich vor der Annahme, Frauen würden nicht tricksen und ihr Herz auf der Zunge tragen. Wer es bis auf diese Ebene geschafft hat, weiß in der Regel um die Macht der Strategie.

3. Personal Branding

Schon auf der Einstiegsebene ist Sichtbarkeit eine wichtige Trumpfkarte für die erste Beförderung. Wer positiv aufgefallen ist, kommt am ehesten weiter; wen im Unternehmen kaum jemand kennt, hat das Nachsehen. Im Mittelmanagement angekommen, reicht Bekanntheit im Unternehmen allein nicht mehr aus. Wer ins Topmanagement aufsteigen will, muss auch darüber hinaus sichtbar werden. Gelegenheiten, sich als Person zu zeigen und sich als kompetente Managerin zu präsentieren, gibt es viele: Fachkonferenzen, Personal- und Karrieremessen, unternehmensübergreifende Initiativen, Branchentagungen, Veranstaltungen von Berufsverbänden, Lehraufträge an Wirtschaftsfakultäten der Hochschulen, ehrenamtliches Engagement. Ich habe in den letzten Jahren meiner Karriere auf mindestens 100 Bühnen gesprochen, mal vor zehn, mal vor fünfzig, mal vor tausend Teilnehmenden. Mal auf Deutsch, mal auf Englisch, mal über allgemeine Themen, mal über spezifische Expertenthemen aus dem Tech-Bereich. Dabei geht es nicht primär darum, das eigene Unternehmen und dessen Angebote zu präsentieren. Das ist nur ein Nebenaspekt, der in oder nach der Anmoderation abgehandelt wird. Hauptzweck ist vielmehr, die eigene Person, ihre Ziele und Kernüberzeugungen bekannt zu machen und sie damit ins Visier derjenigen zu rücken, die über die Besetzung interessanter Positionen auf dem nächsten Karrierelevel entscheiden. Das kann auch durch ein ehrenamtliches Engagement geschehen, etwa in einer Branchenvereinigung oder zu einem karitativen oder kulturellen Zweck – nur bitte auf der Leitungsebene und nicht frauentypisch im Hintergrund bei der Basisarbeit.

Mit dieser erhöhten Sichtbarkeit haben viele Frauen ein Problem, vermutlich, weil sie dem tradierten weiblichen Ideal der Zurückhaltung und Bescheidenheit widerspricht. Manuela Rousseau, heute Aufsichtsrätin und damals Pressebeauftragte der Beiersdorf AG, berichtet, sie sei nach ihrem ersten Talkshow-Auftritt von einer Kollegin zunächst für ihren souveränen Auftritt gelobt und dann gefragt worden: „Aber hast du gar keine Sorge, dass andere es dir neiden, wenn du dich so öffentlich präsentierst?" Auf den Hinweis, der Auftritt sei schließlich Teil ihres Jobs, entgegnete die Kollegin: „Die anderen könnten doch denken, du willst etwas Besseres sein."[23] Ein schönes Beispiel für das „Krabbenkorb-Syndrom", von dem schon die Rede war, also für die Behinderung oder Abstrafung von Frauen, die aus einer auf Egalität angelegten weiblichen Gemeinschaft ausscheren. Rechnen Sie also mit Neidern, wenn Ihr Bekanntheitsgrad steigt – aber auch mit Neiderinnen.

Nachdem ich selbst erlebt hatte, dass es gar nicht so einfach ist, in einer männerdominierten Branche auf Podien gebeten zu werden, beschloss ich, mich aktiv für mehr Sichtbarkeit von Frauen einzusetzen. Ich trat dem Advisory Board einer Konferenz im Technologiesektor bei und bestimmte das Programm und die Speaker-Auswahl fortan aktiv mit. Ich empfahl vornehmlich Frauen, und da ich viele kompetente Kolleginnen kannte, war meine Empfehlungsliste lang. Ich war optimistisch, sie mit charmanter Penetranz auf die Bühnen dieser Welt zu locken. Weit gefehlt. Viele der Frauen, die ich für einen Konferenzauftritt gewinnen wollte, sagten entweder gleich bei der Anfrage ab oder kurz vor dem Auftritt. Warum ließen sie sich eine solche Chance, die eigene Karriere zu pushen, entgehen? Ich fasste nach, bei jeder einzelnen. Die ersten Gründe, die mir genannt wurden: keine Zeit, im Job zu viel zu tun, ich war krank, mein Kind war krank, mein Mann war krank, meiner Mutter ging es nicht gut. Mir war klar, dass es sich hier bis auf wenige Ausnahmen um Ausreden handelte. Erst nach einer sanften Standpauke über die Unprofessionalität dieser Zurückhaltung nannten die Angesprochenen ihren wahren Grund: Angst. Angst zu versagen, nicht gut genug zu sein, sich zu verhaspeln, zu stottern, auf der Bühne zu kollabieren, als Versagerin dazustehen.

Es fiel mir schwer, das nachzuvollziehen. Männer reagieren überwiegend anders, heben gleich den Arm und wollen unbedingt auf die Bühnen der Welt. Die Menschheit muss einfach hören, was sie mitzuteilen haben – auch dann, wenn sie fachlich nicht einmal gut sind. Das wird ignoriert, überspielt und weggeredet. Frauen, ganz im Ernst: Überwindet eure Angst und geht auf Bühnen, macht euch sichtbar und seid präsent! Natürlich ist das nicht einfach, aber da muss man schlichtweg durch, wenn man es ernst meint mit der Gleichberechtigung. Sich beschweren, dann aber kneifen, das geht nicht. Natürlich gehört Mut dazu, sich auf eine Bühne zu stellen. Anfangs hätte ich jedes Mal am liebsten kurz vorher auf dem Absatz kehrtgemacht, um nach Hause zu fahren, mir einen heißen Kakao zu kochen und mich auf die Couch zu legen. Ich tat es nicht, sondern sagte mir, „Rücken gerade und durch!" – einfach machen. Es ist nie so schlimm, wie man es sich vorher ausmalt, und macht mit etwas Routine sogar Spaß. Wie also ging es weiter mit der Tech-Konferenz? Ich vermittelte den Frauen, die sich vom Nutzen der Bühne überzeugen ließen, Medientrainings und Bühnencoachings. Und es klappte. Binnen zwei Jahren hatten wir eine Frauenquote von etwa 20 Prozent auf der Bühne. Alle Frauen machten einen hervorragenden Job. Eloquent, kompetent, ohne zu stottern und zu stammeln. Sie mussten den Sprung ins kalte Wasser nur wagen.

Zum Personal Branding gibt es zahlreiche Bücher, und es gehört natürlich mehr dazu, als gekonnt Bühnen zu bespielen. Jochen Mai, Wirtschaftsredakteur und Gründer der *Karrierebibel*, beschreibt Personal Branding wie folgt: „Ziel des Image- und Reputationsaufbaus ist, sowohl die eigenen Qualifikationen, Kompetenzen und Erfolge nach außen zu kommunizieren und sich selbst zu positionieren (etwa um seine beruflichen Chancen zu verbessern) oder aber über die gezielte Inszenierung, ausgewählte Darstellung und Selbstvermarktung einen Expertenstatus sowie eine nachhaltige Meinungsführerschaft zu erlangen."[24] Voraussetzung für den Aufbau einer Personenmarke ist, dass Sie sich klar darüber werden, wofür Sie stehen wollen, welche Werte Sie öffentlich vertreten und wofür man Sie als Expertin wahrnehmen soll. So positioniert sich Douglas-CEO Tina Müller beispielsweise mit dem Thema „Women in Leadership", und Miriam Meckel, Publizistin und unter anderem Herausgeberin der *WirtschaftsWoche*, ist als kritische Vordenkerin beim technologischen Fortschritt bekannt. Welche Themen wollen Sie wie besetzen? Was haben Sie der Unternehmenswelt mitzuteilen? Ihr aktuelles Unternehmen kann dabei als Aufhänger und Beispiel fungieren, ist aber nicht zentraler Inhalt. Sorgen Sie für Wiedererkennungswert bei Themen und Thesen, aber auch beim Outfit. Erfolgsfrauen wie die Beiersdorf-Aufsichtsrätin Manuela Rousseau scheuen sich nicht, darauf hinzuweisen, dass sie sich auch in dieser Frage professionellen Rat geholt haben.[25] Angela Merkel dürfte es ähnlich gehalten haben. Zur professionellen Selbstdarstellung, ob auf analogen oder virtuellen Bühnen (LinkedIn, Facebook, Twitter), gehören daneben Basics wie professionelle Porträtfotos und eine überzeugende, werbliche Vita. Auch Auftritte in der Presse, z. B. Interviews, befördern Ihre Bekanntheit, ebenso ein eigenes Buch.

Vieles wird leichter bei diesem Thema, wenn Frauen anfangen, bewusst andere Frauen zu empfehlen und zu fördern. Auf der Bühne, auf der Sie in diesem Jahr gesprochen haben, wird man auch im nächsten Jahr Beiträge benötigen. Warum nicht kompetente Kolleginnen ins Spiel bringen? Das Gleiche gilt bei Presseanfragen, die für Sie nicht interessant sind: Ehe irgendjemand anders gefragt wird, könnten Sie einer passenden Kollegin die Tür öffnen. Je mehr Sie geben, desto mehr werden Sie erfahrungsgemäß aus Ihrem Netzwerk zurückerhalten und desto mehr wird Ihr Bekanntheitsgrad in der Öffentlichkeit steigen.

KARRIEREKILLER: „MANNWEIB", „SENSIBELCHEN", „MUTTER DER KOMPANIE"

Schließen Sie für einen Moment die Augen und stellen Sie sich eine prototypische Führungskraft vor. Wie sieht die Person aus, die Ihnen spontan in den Sinn kommt? In den meisten Fällen ist das in unseren Breitengraden ein mittelalter oder älterer Mann weißer Hautfarbe, gerne groß und schlank. Jemand, der im nächsten Blockbuster problemlos die Heldenrolle übernehmen könnte – eher kein zierlicher Endzwanziger, niemand mit Migrationshintergrund und auch keine Frau. Die meisten

Menschen haben ein festes Bild im Kopf, wie ein „Chef" auszusehen hat, auch wenn dieses Bild der Wirklichkeit hinterherhinkt. Und während alle, die dem abgespeicherten Stereotyp nahekommen, kein grundsätzliches Akzeptanzproblem haben, stellt sich bei allen, die deutlich anders aussehen, die Frage, ob „so jemand" das kann – Führung. Das öffentliche Bewusstsein wird bestimmt durch väterliche Chefs, Visionäre, Charismatiker, stoische Helden, die in letzter Minute das Unternehmenssteuer herumreißen und so die Firma vor dem Untergang bewahren. Weibliche Führungsarchetypen fehlen. Männliche Vertreter dieser Führungsriege werden in der Wirtschaftspresse interviewt, porträtiert und manchmal auch bejubelt. Der vom *Manager Magazin* seit 25 Jahren gekürte „Manager des Jahres" ist Jahr für Jahr und bis heute – ein Mann.[26] Vielleicht wäre es an der Zeit, sich der Vorgehensweise des renommierten *Time* Magazine anzuschließen. Das wählt schon seit 1999 nicht mehr den „Mann", sondern die „Person" des Jahres. Bei weiblichen Führungskräften kreist die Berichterstattung oft um ihr Geschlecht, ihr Aussehen (bei Männern kaum je ein Thema), um die Frage, wie sie auf den Chefsessel gelangt und ob sie ihren Aufgaben wohl gewachsen sind. Frauen stehen also qua Geschlecht unter verschärfter Beobachtung, Männer nicht. Dies gilt umso mehr, je höher eine Frau steigt. Und daraus folgt, dass eine Frau im Mittelmanagement mehr Angriffe und Kritik ertragen muss als ein Mann. Egal, wie sie sich verhält, irgendjemand wird das immer kritisieren. Und sollte sie erfolgreich, souverän und selbstbeherrscht sein, kann man ihr immer noch „Unweiblichkeit" vorwerfen.

Auf dem Weltwirtschaftsforum in Davos bat Sheryl Sandberg 2016 vom Podium herab alle Männer im Saal, denen „schon mal von Kollegen oder Vorgesetzten vorgeworfen [wurde], dass sie zu aggressiv sind", die Hand zu heben. Von mehreren Hundert Anwesenden meldeten sich etwa zehn, berichtet die *Welt*. Anschließend stellte Sandberg dieselbe Frage den anwesenden Frauen. Beinahe jede hob die Hand, Sandberg inklusive.[27] Wenn zwei dasselbe tun, ist es noch lange nicht das Gleiche, zumindest wenn es sich dabei um einen Mann und eine Frau im Management handelt. Im gleichen Beitrag halten es Olaf Gersemann und seine Ko-Autorinnen für berichtenswert, dass Mara Swan, inzwischen Executive Vice President und Strategiechefin bei *Manpower*, vor vielen Jahren einer unfähigen Mitarbeiterin kündigte, obwohl diese die Partnerin ihres besten Freundes gewesen sei. Heute lache die Managerin darüber „derb", auch das eine Wertung, die Bände spricht. „Macht macht männlich", schlussfolgern die Journalisten und sind ehrlich erstaunt, dass erfolgreiche Frauen in den Chefetagen „ergebnisorientiert" agieren, ferner „selbstbewusst und hart, auch wenn Tränen fließen", sogar „risikobereit" und „aggressiv". Nanu, und ich dachte, weibliche Managerinnen veranstalten Kaffeekränzchen, bringen selbstgebackenen Kuchen mit und sind lieb zu jedermann, damit alle Spaß haben.

Sehen Sie mir meinen Sarkasmus bitte nach. Dass Stereotypen und unbewusste Vorurteile auch vor Journalistinnen und Journalisten nicht haltmachen, wird in Teil III durch eine aktuelle Studie untermauert (vgl. „Machtbewusst, souverän, diplomatisch"). Es macht mich fassungslos, mit welcher uralten Messlatte noch im 21. Jahrhundert das Verhalten von erfolgreichen Führungsfrauen gemessen wird. Wie soll man ein Unternehmen oder auch eine Abteilung denn führen, wenn nicht ergebnisorientiert und mit der Bereitschaft, notfalls auch unpopuläre Entscheidungen zu treffen? Die Etiketten, die Frauen in dieser Rolle gern angeheftet werden, sind bekannt: „Kampfzicke", „Mannweib", „Amazone". Die eigentliche Frage ist, ob Frauen diesem Vorwurf überhaupt entgehen können, wenn sie etwas bewegen und vorankommen wollen. Nüchtern betrachtet, ist das schwierig, zumal die Alternativen („Sensibelchen" oder „Mutter der Kompanie") noch schneller ins Karriereaus manövrieren. Der Grad, auf dem frau sich in Sachen Entschlossenheit und Selbstbewusstsein ungestraft bewegen kann, ist so schmal, dass Seiltanzbegabung von Vorteil wäre. Am weitesten kommt man meiner Erfahrung nach mit „charmanter Penetranz", also freundlich im Ton, aber hartnäckig und unmissverständlich in der Sache. Laut werden, gar herumbrüllen, wirkt bei Männern unangenehm; Frauen wird es nicht verziehen. Auf der anderen

Seite dringt jedoch nicht durch, wer zu leise und zögerlich auftritt. Das verlangt von Managerinnen ein hohes Maß an Selbstkontrolle, gerade wenn man zu jenen Menschen gehört, in deren Gesicht man eigentlich lesen kann wie in einem offenen Buch. Unbeliebt macht man sich in der Führungsrolle immer mal wieder, das ist kaum zu vermeiden. Alles, was frau tun kann, ist also darauf zu achten, dass sie nicht zu stark und ständig polarisiert, sondern genügend Zeit und Taktik in das Knüpfen von Verbindungen und in Verbündete investiert. Vorwürfe, die sich aus Geschlechterklischees speisen, lässt sie am besten äußerlich ungerührt an sich abperlen. Womöglich werden sie ja genau deswegen erhoben, weil der Sender (oder die Senderin) weiß, wie sehr sie persönlich treffen. Keine Frau ist gern ein „Mannweib", und sollte das auch optisch vermitteln. Die Zeiten, in denen ambitionierte Frauen auf Hosenanzüge oder dunkle Kostüme abonniert waren, sind glücklicherweise vorbei. Bekannte Managerinnen von Sigrid Nikutta (Deutsche Bahn) bis Sheryl Sandberg (Facebook) machen es vor.

Noch hinderlicher als das Mannweib-Etikett ist für den weiteren Aufstieg der Vorwurf, zu sensibel und ergo nicht belastbar beziehungsweise durchsetzungsfähig genug zu sein. In einer Studie der *European Business School EBS* in Zusammenarbeit mit der Personalberatung *Boysen* beschrieben vor einigen Jahren 700 Führungskräfte aller Branchen den idealen Mittel- oder Topmanager zwar vor allem als „sensibel" und „offen" und erst in zweiter Linie als „durchsetzungsstark"[28], doch hier scheint vielen das Moment der sozialen Erwünschtheit die Antwort diktiert zu haben. Wenn ich mich umschaue, sehe ich keine Topmanager(innen), die durch besondere Sensibilität glänzen und dies in ihrer Imagepflege nach vorne schieben. An den Schalthebeln der Macht geht es bei der Selbstdarstellung weiterhin vor allem um Tatkraft. Besonders verpönt sind Tränen, ob aus Enttäuschung, Betroffenheit oder Zorn. Sie werden als Zeichen der Schwäche und Unprofessionalität gewertet. Männer weinen eben nicht, oder höchstens beim Fußball oder in anderen Extremsituationen (siehe Hoeneß bei der Rückkehr auf den Managerposten nach Verbüßung seiner Gefängnisstrafe). Sie vergießen jedenfalls keine Tränen, weil jemand im Meeting ihr Projekt torpediert. Auch wenn es schwerfällt: Gegenwind, negatives Feedback (ob begründet oder taktisch motiviert), persönliche Angriffe, all das gilt es ab einem gewissen Level stoisch zu ertragen, ebenso persönliche Rückschläge. Äußerlich Ruhe zu bewahren ist nicht immer einfach, lässt sich aber trainieren. Es gibt Kolleginnen, die stellen sich das Gegenüber bei einer Attacke in Unterwäsche vor. Andere imaginieren eine Rüstung, die sie vor heiklen Meetings oder Gesprächen anlegen und die ihnen hilft, die Fassung zu wahren. Und manchmal funktioniert auch ein uralter Trick, wenn die Selbstbeherrschung bröckelt: sich kurz entschuldigen („Ich bin gleich wieder da!") und sich im stillen Kämmerlein wieder sammeln.

Selbstbeherrschung, freundlich-sachliche Distanz, Hartnäckigkeit in Form charmanter Penetranz, das sind kurz zusammengefasst empfehlenswerte Verhaltensweisen. Manch dummer Spruch lässt sich auch mit Humor aushebeln. Wer den Angriff scheinbar nicht ernst nimmt, schafft Distanz und wirkt souverän. Führungsstärke verlangt ferner, fair und möglichst offen mit seinem Team zu kommunizieren – nach der Maxime, nicht alles zu sagen, was man weiß (etwa, weil man von der Topebene zur Verschwiegenheit verpflichtet wurde), aber bei der Wahrheit zu bleiben und auf Tricks und Täuschungen zu verzichten, wenn man sich äußert. Notfalls muss man eben zugeben, dass man zu einem Punkt (noch) nichts sagen kann. Auch das verlangt eine gewisse Distanz, die beim dritten Karrierekiller fehlt.

Es ist die Rolle der „Mutter der Kompanie". Damit meine ich Führungspersonen, die es als ihre Hauptaufgabe ansehen, für gute Stimmung und Harmonie im Team zu sorgen, sozusagen den Laden zusammenzuhalten. Droht den eigenen Mitarbeiterinnen und Mitarbeitern Gefahr von außen (von unzufriedenen Kunden oder auch von der nächsten Führungsebene), zeigen sie die Zähne wie ein Herdenschutzhund und verteidigen mutig ihr Terrain. Damit wir uns nicht missverstehen: Natürlich stellt sich eine gute Führungskraft hinter ihre Mitarbeiter, wenn es Kritik gibt. Gleichzeitig ist sie jedoch Mittler(in) zwischen Teamebene und Topmanagement und muss beiden Seiten gerecht werden – die klassische Sandwichposition eben. Bei manchen besonders stromlinienförmigen Managern oder auch Managerinnen kippt diese Balance in Richtung Topmanagement, und Mitarbeiterinteressen geraten völlig ins Hintertreffen. Bei der „Mutter der Kompanie", die meiner Beobachtung nach tatsächlich oft weiblich ist, kippt die Balance in die andere Richtung, nach „unten". Eine Führungskraft kann sich jedoch nicht bedingungslos mit ihren Mitarbeiterinnen und Mitarbeitern solidarisieren. Früher oder später wird sie unangenehme Entscheidungen treffen müssen. Was ist, wenn eine Umstrukturierung Personalabbau oder neue Aufgabenzuschnitte im Team verlangt? Was, wenn Mitarbeiter(innen) wegen schwerwiegender Versäumnisse abgemahnt werden müssen? Dann bekommt die vorher gepflegte Teamharmonie tiefe Risse und die quasi-mütterliche Zuwendung („Ich bin immer für euch da!") wird als bloße Fassade wahrgenommen. Zudem wird man sich weiter oben im Unternehmen hüten, jemanden zu befördern, der sich augenscheinlich vor allem als Anwalt seines Teams und nicht als Anwalt der Unternehmensinteressen versteht.

Ich habe diese drei Karrierehemmnisse bewusst zugespitzt, um die jeweiligen Gefahren offenzulegen. Die meisten Führungsfrauen werden sich hin und wieder jede dieser Rollen wünschen: Mit der Faust auf den Tisch hauen und Widersachern die Meinung zu geigen („Mannweib"). Tränen und Frustration freien Lauf zu lassen („Sensibelchen"). Die Mitarbeitenden zu umsorgen und gute Stimmung im Team zu haben („Mutter der Kompanie"). Doch der Königsweg der Karriere verläuft jenseits solcher Extreme durch das Feld der Gelassenheit. Jede und jeder im mittleren Management muss diesen Weg für sich erst finden. Hinzu kommt, dass die Ansprüche an gute Führung in einer globalen, schnelllebigen und durch personelle Vielfalt gekennzeichneten Wirtschaftswelt nicht geringer werden: „Um mit Diversity (nicht nur Gender-Diversity) umgehen zu können und die positiven Aspekte zu fördern, braucht man insgesamt deutlich reifere Führungskräfte", betont Xiaoqun Clever, Topmanagerin und Vorstandsmitglied der *Ringier Gruppe* völlig zu Recht.[29] Wenn Frauen ihr ganzes Potenzial mobilisieren und Kommunikationstalent mit strategischem Geschick verbinden, sind sie für diese Herausforderung bestens gerüstet. ∎

DIE BESTEN KARRIERESTRATEGIEN IM MITTELMANAGEMENT: SICH SELBST MANAGEN UND DURCHHALTEN

Mit dem Aufstieg ändern sich die strategischen Anforderungen. Was in den ersten Berufsjahren voranbrachte – Engagement, gute Ergebnisse und Projekte, die die Sichtbarkeit im Unternehmen erhöhen –, reicht nun nicht mehr aus. Was bringt im Mittelmanagement weiter?

1. Ein eindeutiges Karriereziel für sich formulieren und zu seiner Ambition stehen

Natürlich sind in jeder Karrierephase Ziele hilfreich, um sich zu fokussieren und Anstrengungen zu bündeln. Für den Aufstieg ins Topmanagement ist der eindeutige Wille, dorthin zu gelangen, jedoch unverzichtbar. Niemand rückt „zufällig" oder nur durch „glückliche Umstände" in den Vorstand auf. Für Frauen bedeutet das häufig, sich diesen Anspruch erst einmal selbst zuzugestehen, sich große Pläne zu „erlauben". Die Topmanagement-Coaches Dorothea Assig und Dorothee Echter gaben ihrem Buch über große Karriere nicht ohne Grund den Titel „Ambition". Für Assig und Echter setzt jede außergewöhnliche Karriere einen starken inneren Antrieb voraus, der nicht nur machtstrategisch, sondern auch inhaltlich geprägt ist. „Vorbild sein", „bleibende Werte schaffen", „Innovationen in einer nachhaltigen, positiven Unternehmenskultur vorantreiben", so lauten Beispiele für innere Antriebe – eindeutige Ziele, die nicht nur den Blick für das Notwendige schärfen, sondern Gegenwind auch besser ertragen lassen. Letztlich geht es dabei um den „Markenkern" der eigenen Persönlichkeit, um die Werte, die das schon erwähnte Personal Branding bestimmen und die persönliche Glaubwürdigkeit stärken.

„Es ist eine Herausforderung, die eigene Größe zu erkennen und in die Welt zu tragen, weil alle Menschen gegen die unterschiedlichsten Gefühle und inneren Widerstände ankämpfen müssen", betonen Assig und Echter.[30] Das trifft für die meisten Frauen noch mehr zu als für ihre männlichen Kollegen, weil die Rolle einer Topmanagerin nach wie vor weit weniger selbstverständlich ist als die eines Topmanagers. Das schlägt sich auch in explizit formulierten Karrierezielen nieder, wie eine Studie der TU München im Auftrag der *Stiftung Familienunternehmen* ergab. Danach haben sich die Karriereziele weiblicher und männlicher Führungskräfte in den vergangenen Jahren zwar sukzessive angeglichen. 43 Prozent der Männer und sogar 45 Prozent der Frauen peilen in ihrer Karriere das „mittlere und Topmanagement" an. Doch ganz nach oben, auf einen Vorstandssessel, wollten auch 2017 immer noch fast drei Mal so viele Männer (7,1 Prozent der Befragten) wie Frauen (2,5 Prozent). Insgesamt nahmen seit 2008 über 3.200 Fach- und Führungskräfte an der Studie teil.[31]

Eine eindeutige Zielvorstellung ist außerdem Voraussetzung dafür, berufliche Chancen und Sackgassen zu identifizieren. Ist beispielsweise eine angebotene neue Herausforderung eine nützliche Zwischenetappe, auch wenn bestimmte Rahmenbedingungen einem nicht gleich zusagen? Oder entpuppt sich umgekehrt ein auf den ersten Blick verlockendes Angebot als fragwürdiges Abstellgleis? Welchen Zuwachs an Know-how, Kontakten, Renommee böte eine neue Position? Es ist, wie das bekannte Koran-Zitat sagt: „Wenn man das Ziel nicht kennt, ist kein Weg der richtige."

2. Sein Leben bewusst gestalten und professionell organisieren

Auch wenn das Thema Work-Life-Balance im vergangenen Jahrzehnt mehr und mehr in den Vordergrund gerückt ist, bleibt es dabei: Eine steile Karriere ist ohne überdurchschnittlichen zeitlichen Einsatz kaum möglich. Das bedeutet: Viele Aufgaben, die Frauen in den allermeisten Beziehungen noch immer fast automatisch und „nebenbei" übernehmen (vgl. Teil I „Retraditionalisierung oder zurück in die Zukunft"), lassen sich ab einem bestimmten Karrierelevel kaum noch in den Arbeitsalltag quetschen: den Haushalt in Schwung halten, den Kuchen für den Kindergeburtstag selbst backen, das familiäre Kultur-/Sport-/Ausflugsprogramm organisieren, regelmäßig Kontakt zu Freundinnen und Freunden halten, im Garten arbeiten und, und, und. Ohne Abstriche geht es nicht. Und auch, wenn der Gedanke erst einmal ungewohnt ist: Was spricht eigentlich dagegen, sein Privatleben ähnlich professionell zu organisieren wie die Aufgaben am Arbeitsplatz? Wer sich dagegen sträubt, läuft Gefahr, sich zwischen all den Anforderungen aufzureiben. Vielleicht haben Sie Glück, und ein beruflich weniger engagierter Partner hält Ihnen den Rücken frei, wie viele Frauen das bis heute für ihre karriereorientierten Männer tun. Ist das nicht der Fall, stellt sich die Frage, wo sie Abstriche machen können, was sich delegieren lässt und nicht zuletzt, wo Sie privat auftanken und sich daher entsprechende Freiräume erhalten. Eine junge Mitarbeiterin mokierte sich einmal darüber, dass die Chefin eines mittelständischen Unternehmens regelmäßig ihre Assistentin bat, ein exklusives Modegeschäft anzurufen und zu „briefen", welche Kleidung sie für welche Anlässe brauchte. Dort kannte man Geschmack und Kleidergröße der Dame bereits, und zu einem vereinbarten Termin kam eine Kundenberaterin mit einer Kleiderauswahl ins Unternehmen. Nach einer halben Stunde war der Kleiderschrank der Chefin wieder à jour. Für alle, die für ihr Leben gern „shoppen", mag das unvorstellbar sein. Für die Managerin war es einfach effizient. Vieles lässt sich in ähnlicher Weise delegieren – man muss es nur wollen. Unter den Erfolgsfrauen, die bei *Mission Female* – dem von mir 2019 gegründeten Executive-Netzwerk – Mitglied sind, ist das übrigens kein Diskussionsthema, sondern eine Selbstverständlichkeit. Lebensmittel kann man online ordern, Hilfe im Haushalt lässt sich engagieren, und der Geburtstagskuchen vom Konditor schmeckt auch. Wenn Sie Kinder haben, werden diese sich später eher daran erinnern, ob Sie sich am Geburtstag Zeit für Sie genommen haben, als daran, woher der Kuchen oder die Pizza stammte.

Überhaupt, das Thema Kinder: Ich würde mir wünschen, dass wir Frauen endlich aufhörten, unsere Lebensmodelle gegeneinander aufzurechnen. Wie oft habe ich gehört, „Jaaa, du hast aber auch keine Kinder!", wenn ich von beruflichen Erfolgen berichtete. Nun könnte man eine Reihe von Frauen aufzählen, die auch mit Kindern eine beeindruckende Karriere gemacht haben (Ursula von der Leyen hat sieben, Sigrid Nikutta inzwischen fünf Kinder), aber das ist nicht der Punkt. Der Punkt ist vielmehr, dass es Frauen bis heute schwerfällt, anderen Frauen ihren beruflichen Erfolg oder das eigene Familienmodell zu gönnen, ohne den jeweils anderen Lebensentwurf abzuwerten. Das gipfelt darin, dass „Karrieremütter" dafür gegeißelt werden, dass sie die Laterne fürs Martinssingen nicht selbst gebastelt, sondern gekauft haben, und dass umgekehrt „Familienmütter" als Dummchen am Herd diffamiert werden. Wie erbärmlich! Dass man sich hier auf vermintem Gelände bewegt, zeigt der Sturm der Entrüstung, der Sigrid Nikutta, damals noch Chefin der Berliner Verkehrsbetriebe, entgegenschlug, als sie in einem Interview sagte, ihre (zu diesem Zeitpunkt noch vier) Kinder seien ihr „Hobby". Vielleicht war das nicht ganz glücklich formuliert, doch was Nikutta eigentlich meinte und auch explizit ausgeführt hatte: Während viele Topmanager ihre karge Freizeit auf dem Golfplatz oder beim Segeln verbringen, reserviert Nikutta diese Stunden eben ganz für ihre Kinder.[32] Dass karriereorientierte Männer „Hobby-Väter" sind, daran nimmt bezeichnenderweise kaum jemand Anstoß. Ist die Rollenverteilung jedoch umgekehrt, wie im Hause Nikutta[33], wird die „Rabenmutter"-Keule hervorgeholt. Vielleicht sollten wir uns eingestehen, dass wir uns dabei an den Stereotypen aus den Fünfzigerjahren des letzten Jahrhunderts orientieren.

Zum „Management" des eigenen Lebens gehört auch, Zeit für sich zu reservieren, etwas zu finden, bei dem man den beruflichen Stress vergessen kann – kurz: sich etwas Gutes zu tun. Dabei ist es sekundär, ob

Sie reiten, musizieren, segeln, lange Spaziergänge mit dem Hund machen oder Teppiche weben. Fast alle Erfolgsmenschen haben etwas, das sie erdet und das ihnen Freude macht. Immer mehr Manager meditieren, und seit selbst Management-Guru Fredmund Malik sich zum autogenen Training bekannt hat, tut das kaum jemand noch als esoterischen Hokus-pokus ab.[34] Sorgen Sie selbst für Ihre Seele und Ihren Körper – das können Sie an niemanden delegieren! Entwickeln Sie gute Gewohnheiten für Ernährung und Bewegung, um leistungsfähig zu bleiben. Und damit meine ich nicht das Marathon- oder gar Ironman-Training, mit dem manche Karrieremenschen das Leistungsprinzip nahtlos in die Freizeit übertragen – sondern eher die regelmäßige Runde um den Block oder den Sportkurs am Sonntagmorgen.

3. Sich von einem echten Profi coachen lassen

War Coaching vor 20 Jahren noch die Ausnahme, ist es heute in vielen Unternehmen regulärer Bestandteil der Personalentwicklung, zumindest für Führungskräfte.[35] Im Spitzensport schafft es niemand allein nach oben, und neben dem Trainer spielen (Mental-)Coaches hier inzwischen eine wichtige Rolle. Im Beruf ist es nicht anders. Es liegt daher nahe, die neuen Herausforderungen im Mittelmanagement und die richtigen Signale für einen weiteren Aufstieg nicht allein zu stemmen, sondern sich professionelle Unterstützung zu holen. Das gilt erst recht, wenn es unter den Kollegen und Kolleginnen oder Vorgesetzten niemanden gibt, mit dem ein wirklich offener Austausch möglich ist. Im Dickicht der Eigeninteressen und angesichts der Fallgruben der Mikropolitik wird dies in vielen Organisationen so sein.

Die Berufsbezeichnung „Coach" ist nicht geschützt, es gibt Tausende von Anbietern, die mit einer Vielzahl von Zertifikaten für sich werben. Ein professioneller Coach (bzw. eine Coachin) wird immer ein kostenloses Vorgespräch anbieten, in dem er/sie den Auftrag präzise klärt: Welche Themen/Probleme wollen Sie bearbeiten, was ist Ihr Ziel? Ferner sollte das Methodenrepertoire offengelegt und geprüft werden, ob Ihr Anliegen in den Bereich des Anbieters fällt. Achten Sie darauf, dass Coachin oder Coach über eigene Führungserfahrung in der Wirtschaft und über psychologische Zusatzqualifikationen verfügt. Im Erstgespräch werden Sie merken, ob Ihr Gegenüber in der Welt der Wirtschaft zu Hause ist und Ihre Probleme nachvollziehen kann oder ob Sie mit wolkigen Phrasen abgespeist werden. Eine gewisse Lebenserfahrung und ein entsprechendes Lebensalter schaden dabei nicht, im Gegenteil. Coaching ist keine Psychotherapie, sondern gedankliches Sparring auf Augenhöhe. Die Coachin oder der Coach liefert Ihnen keine Antworten, sondern unterstützt Sie durch den Blick von außen und durch die richtigen Fragen. So können Sie im Gespräch eigene, für Sie passende Lösungen entwickeln und Ihr persönliches Handlungsspektrum erweitern. Ein bewährter Ansatz ist das „systemische" Coaching, bei dem das Umfeld, weitere Akteure, Rollenerwartungen und die Persönlichkeit der Klientin oder des Klienten im Zusammenhang (als „System") betrachtet werden.

Für wirkungsvolles Coaching braucht es Vertrauen. Arbeiten Sie nur mit jemandem zusammen, den Sie respektieren und der Ihnen respektvoll begegnet. Gurus und egozentrische Selbstdarsteller bringen Sie nicht weiter. Großunternehmen verfügen inzwischen häufig über einen Coaching-Pool, aus dem die Personalabteilung Ihnen jemanden vorschlagen kann. Die Kosten des Coachings trägt in diesem Fall das Unternehmen. Das ist ein tolles Angebot, wenn die Coaches tatsächlich unabhängig und diskret agieren und nicht fürchten müssen, Aufträge zu verlieren, wenn Sie Ihnen zu sehr den Rücken stärken. Kürzlich begegnete mir ein Fall, in dem ein Manager eine leitende Mitarbeiterin zum Coaching „schickte", wohl, weil ihm diese etwas zu häufig widersprochen hatte. Der Coach wurde vom Unternehmen ausgewählt und stand dort seit Jahren mit weiteren Leistungen (Trainings, Moderationen) auf der Honorarliste, auch in der Abteilung der Mitarbeiterin. Nun sollte er deren „Konfliktfähigkeit" verbessern. Es handelte sich in Wahrheit um eine verkappte Erziehungsmaßnahme mit doppelbödiger Kommunikation: Der Coach wollte seinen Auftraggeber nicht verlieren, die Mitarbeiterin hatte die Sorge, dass Inhalte des Coachings zu ihrem Chef durchsickern könnten, und der Chef erwartete vom Coach, dass er die Mitarbeiterin in seinem Sinne „einnordete". Mit echtem Coaching – konstruktiver Lösungsfindung im Sinne der Klientin – hatte das nichts zu tun. Ehe Sie sich in einem solchen Beziehungsnetz verheddern und nicht wirklich profitieren, verpflichten Sie lieber privat einen unabhängigen Profi. Investieren Sie in sich selbst!

4. Noch gezielter netzwerken

Vor einiger Zeit konnte ich Marianne Stroehmann, Director bei Google und Geschäftsstellenleiterin Deutschland, als Gastgeberin für eine Veranstaltung von Mission Female gewinnen. In ihrer Begrüßungsrede gab Marianne mir eine Steilvorlage für die Netzwerkveranstaltung: „Vor 20 Jahren habe ich schon gesehen, dass Frederike Potenzial hat. Heute bin ich sehr stolz, Gastgeberin für ihr Netzwerk zu sein." Ich erzähle das nicht etwa aus Eitelkeit, sondern als Beispiel dafür, wie wichtig es ist, sich tragfähige Businesskontakte zu erarbeiten, und als Beleg, wie sehr sich das auch langfristig bewährt. Als Einzelkämpferinnen kommen wir nicht voran. Wir brauchen Verbündete, als Türöffnerinnen und Türöffner, Tippgeberinnen und Tippgeber, als Unterstützerinnen und Unterstützer beim Aufstieg. Ich nenne hier bewusst beide Geschlechter, schon deshalb, weil an vielen Schaltstellen der Wirtschaft nach wie vor Männer sitzen. Sie nutzen Netzwerke bislang viel selbstverständlicher und intensiver für ihren beruflichen Aufstieg und verwenden im Firmenalltag einen beträchtlichen Anteil ihrer Arbeitszeit auf deren Etablierung und Pflege – nach Schätzungen bis zu einem Drittel.[36] Während sie das tun, arbeiten ihre Managementkolleginnen fleißig an Sachaufgaben, und wundern sich dann womöglich, dass ein Kollege an ihnen vorbeizieht, obwohl er weniger Erfolge vorzuweisen hat. Er kannte halt die richtigen Leute. Vor diesem Hintergrund ist es sehr nützlich, wenn Sie einen oder auch mehrere Strippenzieher auf höher Ebene zu Ihrem Netzwerk zählen – idealerweise Alphatiere, die der Karriere von Frauen wohlwollend gegenüberstehen oder sich womöglich sogar als Vorreiter in Sachen Gender Diversity profilieren wollen. So nutzen Sie Ihrem Kontakt, und er nutzt Ihnen.

Wenn Sie beim letzten Satz zusammengezuckt sind, wäre das bezeichnend für das Netzwerkverhalten vieler Frauen. Frauen geht es beim Knüpfen von Beziehungen vielfach um Sympathie, um Kreise, in denen man sich wohlfühlt. Frauen trennen außerdem stärker zwischen Freundschaften und Businesskontakten, während Männer mit „Geschäftsfreundschaften" eine Art Zwitter bevorzugen. Diese Haltung führt dazu, dass Frauen mehrere Kreise pflegen – Freundschaften, für die frau dann zu wenig Zeit hat, und Businesskontakte, für die frau sich zu wenig Zeit nimmt. Männer sind tendenziell effizienter und nutzen Netzwerke geschickter. Es bringt nichts, sich über die „Old-Boys-Networks" zu beklagen, die im Hintergrund die Strippen ziehen. Es gilt vielmehr: selber Strippen knüpfen und nutzen! Was hindert Frauen daran, gemeinsam und auch mit kooperationsbereiten Männern ihre Businessinteressen voranzutreiben? Mission Female hat sich genau das zum Ziel gesetzt: Topmanagerinnen zusammenzubringen mit dem Ziel, sich gegenseitig zu unterstützen und sich tatkräftig ganz nach oben zu befördern, Female Leaders sichtbarer zu machen und mehr weibliche Vorbilder zu schaffen. Business-Talk anstatt Kaffeeklatsch lautet unser Motto. Dazu gehören moderierte Peer-Gruppen, Workshops zur Persönlichkeits- und Karriereentwicklung sowie exklusive Dinner und Veranstaltungen in Deutschland, Österreich und der Schweiz. Gemeinsam profitieren wir voneinander sowie von ausgesuchten Partnerschaften und Kooperationen mit Unternehmen, die unsere Mission teilen.[37] Mitglied Vera Schneevoigt, Managing Director Fujitsu, bringt es auf den Punkt: „Wir Frauen müssen zusammenhalten und uns gegenseitig stärken. Damit können wir viele Bereiche – sowohl unternehmerische als auch gesellschaftliche – beeinflussen, angefangen im direkten Umfeld bis hin zur Wirtschaft und Politik. Das Potenzial, das wir durch unsere Netzwerke erreichen können, ist gigantisch. Wenn wir uns gegenseitig befähigen, können wir gemeinsam erfolgreich sein."

Wie viele Geschäftsfreundinnen und -freunde haben Sie? In welchen Zirkeln bewegen Sie sich, die Sie stärken und beim Vorankommen unterstützen? Es ist nie zu spät, mit kluger Netzwerkpolitik anzufangen. Entwerfen Sie eine Beziehungsstrategie: Wen möchten Sie kennenlernen? Wo treffen Sie diese Personen? Was erwarten Sie von ihnen? Verbringen Sie Zeit auf den richtigen Veranstaltungen und mit den richtigen Menschen. Und formulieren Sie klar, was Sie von ihnen brauchen. Auch das ist nach meiner Beobachtung ein häufiges Manko. Frauen tun sich vielfach schwer damit, Businesspartnerinnen oder -partner um konkrete Unterstützung zu bitten. Am erfolgreichsten sind zweifellos jene Netzwerkerinnen und Netzwerker, die selbst auch „geben" und anderen mit Empfehlungen und Kontakten weiterhelfen. Kontakte leben bekanntermaßen vom Geben und Nehmen. Doch dabei geht es weniger um einen direkten, unmittelbaren Tauschhandel als vielmehr um den richtigen Spirit der gegenseitigen professionellen Stärkung. Prüfen Sie Ihre bisherigen Kontakte unter diesen Gesichtspunkten und überlegen Sie, ob und wie Sie sich gegebenenfalls neu ausrichten wollen. Spätestens, wenn Modetipps und neidvoller Tratsch Einzug halten, sollten Sie die Flucht aus einem Netzwerk ergreifen, erst recht, wenn wenig bewegt, aber viel gejammert wird. Und so nützlich Social Media sind: Die wirklich wertvollen Kontakte sind nach wie vor analog und persönlich.

5. Durchhalten, sich nicht entmutigen lassen

Durststrecken und Rückschläge gehören zu einer Karriere dazu. Als das Magazin *Businessinsider* 2018 prominente Managerinnen nach ihren Tipps auf dem Weg in die Chefetage fragte, fielen allen auch Misserfolge ein. Anja Hendel, damals Leiterin des *Porsche Digital Labs*, heute Managing Director bei *diconium*, sagte beispielsweise: „Es gab in meiner Laufbahn sicher nicht nur einen Rückschlag, das gehört dazu und bringt einen voran. Aber es ist wie immer im Leben: Wenn man fällt, muss man wieder aufstehen und erst recht weitermachen." Andrea Bracht, Bereichsvorstand für Group Audit bei der *Commerzbank*, riet: „So schwer es manchmal ist: Manche Umstände muss man einfach als gegeben hinnehmen. Nach jedem Rückschlag geht es weiter. Also: Krone richten und wieder aufstehen!"[38] Aus solchen Statements spricht die Gelassenheit jener, die es am Ende geschafft haben. In der akuten Situation fühlt sich ein Rückschlag natürlich anders an, wie ich aus eigener Erfahrung weiß. Es gibt wahrscheinlich kaum eine karriereorientierte Frau, die zwischendurch nicht überlegt hat, alles hinzuwerfen, und vermutlich kennen auch viele Männer solche Überlegungen. Ohne Durchhaltevermögen und Hartnäckigkeit erreicht man keine hoch gesteckten Ziele.

Bei Frauen kommt erschwerend hinzu, dass sie unter verschärfter Beobachtung stehen und auf Widerstände stoßen, die in ihrem Geschlecht begründet sind. In einer qualitativen Studie des Marktforschungsinstituts *Sinus Sociovision* für das *Bundesministerium für Familie, Senioren, Frauen und Jugend (BFSFJ)* wird der „schroffe Gegensatz" von Statements der Political Correctness zu Frauen in Führungspositionen auf der einen und einer verborgenen „Mentalitätsstruktur" im gehobenen Management auf der anderen Seite unterstrichen. Öffentlich gibt man sich frauenfreundlich, im Herzen ist man konservativ und möchte Frauen nach Möglichkeit aus dem „Inner Circle" männlicher Macht heraushalten. Frauen reden, denken und verhalten sich anders, sie durchkreuzen die unausgesprochenen Spielregeln und stören die männlichen Rituale.[39] Die Studie wurde vor einem Jahrzehnt durchgeführt, doch das Schneckentempo der Entwicklung seitdem spricht dafür, dass sich an diesen Missständen bisher wenig geändert hat. Rechnen Sie also damit, …

- dass es einige Kollegen und Vorgesetzte geben könnte, die meinen, Frauen hätten im Topmanagement nichts zu suchen, auch wenn sie das nicht (mehr) laut sagen, und die Ihnen daher gezielt Steine in den Weg legen,
- dass es noch mehr Kollegen und Vorgesetzte gibt, die durch die ungewohnte Ambition von Frauen auf Toppositionen irritiert oder verunsichert werden und die sich insgeheim nach den guten alten

Zeiten zurücksehnen, als die Männer noch unter sich waren,
- dass direkte Karrierekonkurrenten Ihnen das Leben bewusst schwer machen werden und
- dass es sehr viele Kollegen und Vorgesetzte gibt, die ein grundsätzlich fortschrittlicheres Frauenbild pflegen, aber dennoch den erlernten Stereotypen und Rollenklischees nicht entkommen und sie daher unwillkürlich kritischer beurteilen als Ihre männlichen Kollegen.

Dieses Minenfeld dürfte Shari Ballard gemeint haben, leitende Managerin und Geschäftsführerin „Multichannel Retails" des Elektronikkonzerns *Best Buy* und laut *Forbes* 2017 eine der „mächtigsten Frauen der Welt". Nach dem wichtigsten Karrieretipp an ihre Geschlechtsgenossinnen gefragt, antwortete sie: „Sei dir völlig im Klaren darüber, wer du bist und was du in deinem Leben erreichen willst. Und dann mach dich auf eine Welt gefasst, die ununterbrochen testen wird, wie ernst du das wirklich meinst."[40] Es hilft, diese fortwährenden Tests sportlich und nicht persönlich zu nehmen, auch wenn dies leichter gesagt als umgesetzt ist. Machen Sie sich bewusst: Es geht nicht primär um Sie, es geht um Macht und um Konkurrenz. So ist das Spiel. Man kann nicht immer gewinnen, aber ein Rückschlag ist nicht das Ende der Karriere. Das ist nicht immer leicht auszuhalten, und umso wichtiger ist daher ein stabiles Netzwerk im Hintergrund, das Sie unterstützt und stärkt. ▮

WAS UNTERNEHMEN JETZT TUN KÖNNEN, UM FRAUEN VORANZUBRINGEN

Um es kurz vorwegzunehmen: Alle Unternehmensmaßnahmen, die in Teil I vorgestellt wurden – objektivierte Recruiting-Prozesse, familienfreundliche Arbeitsmodelle, gleichberechtigte Ansprache von Frauen bei Employer Branding und Personalmarketing, Zielvorgaben und Boni für

Führungskräfte, die diverse Teams bilden und zum Erfolg führen, Mentoring und Netzwerkveranstaltungen, die Diversity fördern –, werden auf dem nächsten Karrierelevel natürlich nicht obsolet, sondern behalten ihre Gültigkeit. Nur vielfältige Anstrengungen werden mehr Vielfalt ins Management bringen, und nur, wenn mehr Frauen im Unternehmen die ersten Stufen der Karriereleiter nehmen, wird auch ihre Präsenz im Topmanagement selbstverständlicher. In diesem Abschnitt soll es ergänzend um zwei wichtige kontroverse Unternehmensthemen geben: Diversity als Gemeinschaftsprojekt und die Rolle von Quoten.

OHNE MÄNNER GEHT ES NICHT ODER: DIVERSITY ALS GEMEINSCHAFTSPROJEKT?

Wer Resonanz bei der Leserschaft erzeugen und reichlich böse Kommentare ernten möchte, sollte in der Wirtschafts- oder Publikumspresse einen Artikel zum Thema Gender Diversity veröffentlichen und darin eindeutig Position gegen die Benachteiligung von Frauen im Beruf beziehen, gern auch mit Zahlen zum mageren Frauenanteil auf verschiedenen Managementebenen oder zum Gender Pay Gap, also zur nach wie vor systematisch geringeren Bezahlung von Frauen. Aufmerksamkeit und Beschimpfungen sind ihr oder ihm gewiss. Ob die *Frankfurter Allgemeine Zeitung* unter der Überschrift „Frauenförderung hat ihre Gefahren" Forschungsergebnisse skizziert, nach denen (weiße) Männer sich durch Diversity-Programme „nicht mehr hinreichend geschätzt" fühlen[41], ob die *Zeit* einen Kommentar zur mangelnden Gleichberechtigung im Job mit „Skandal ohne Ende" überschreibt[42] – schon nimmt die Debatte in vorhersehbaren Bahnen ihren Lauf. Dutzende, zum Teil Hunderte Gegner jeder Form von Frauenförderung reden von „Planwirtschaft", „Feministenchauvinismus" und „Diskriminierung von Männern", sie wittern „Genderkram gegen Leistung" und sprechen vom „Märchen von der Frauenbenachteiligung". Auch Hinweise, dass Frauen angeblich gar nicht Karriere machen wollten und Headhunter nicht genügend leistungswillige Frauen fänden, fehlen nie.[43] Längst scheint alles gesagt, die Argumente sind ausgetauscht und die Parteien verschanzen sich in den Schützengräben ihrer unterschiedlichen Weltbilder. Einmal vorausgesetzt, dass sich in Hunderten von (meist anonymisierten) Online-Kommentaren zum Thema Diversity ein zwar nicht streng repräsentatives, aber realitätsnahes Meinungsbild abzeichnet: Wie kann vor diesem Hintergrund eine Erhöhung des Frauenanteils im Management ohne Verwerfungen im Unternehmen gelingen?

Um es gleich vorweg zu sagen: Dafür gibt es aus meiner Sicht kein Patentrezept. Ich halte es auch für wenig verwunderlich, dass Diversity-Programme sich den Unmut jener zuziehen, die bisher unangefochten und ohne lästige Konkurrenz anderer Gruppen Karriere machen konnten. Insofern schwingt in der Erwartung, solche Programme völlig konfliktfrei und in trauter Eintracht mit den Männern durchziehen zu können, Wunschdenken mit. Glaubt man einer Bewerbungsstudie, die die US-Forscherinnen Tessa Dover, Cheryl Kaiser und Brenda Major in der *Harvard Business Review* veröffentlichten, fühlen sich selbst Männer, die grundsätzlich für Frauenförderung sind, durch Diversity-Programme unfair behandelt.[44] Bereits 2015 gaben im *Randstad* Arbeitsbarometer erstaunliche 20 Prozent der Männer an, sie seien „im Job schon mal aufgrund ihres Geschlechts benachteiligt" worden.[45] Die Personalwissenschaftlerin Petra Arenberg behauptet gar, „qualifizierte Arbeitnehmerinnen, die von ihrer Leistung und ihren Fähigkeiten überzeugt" seien, entzögen sich „aktiv dem diversitätsbasierten Auswahlprozess", sodass vielfach „leistungsschwächere Kandidatinnen" auf Positionen gehievt würden, „mit erheblichen Folgen für die Arbeitsqualität". Belegt wird dies nicht. Wer solche Freundinnen hat, braucht keine Feinde mehr, ist frau versucht zu sagen – zumal noch eine weitere Warnung angeschlossen wird: „Ein schlecht umgesetztes Diversity-Management kann Mobbing fördern und Machtkämpfe initiieren."[46] All das klingt so, als ob es in Unternehmen ohne Diversity-Programme weder Machtkämpfe noch Mobbing gäbe und als ob dort niemals weniger fähige (männliche)

Kandidaten auf Positionen gehievt würden, etwa aufgrund patriarchalischer Führungsstrukturen oder männlicher Kumpanei. Manchmal täte es Expertinnen und Experten gut, ein wenig echte Unternehmensluft zu schnuppern.

Dabei ist das Grundanliegen, Frauen im Unternehmen mehr Chancen zu eröffnen und *gleichzeitig* Frontenbildungen zwischen den Geschlechtern zu verhindern, aus Unternehmenssicht wie aus Sicht der Mitarbeitenden natürlich völlig nachvollziehbar. Wie kann man dies am ehesten erreichen? Ein Faktor könnte eine durchdachte Balance zwischen Absichtserklärungen und Taten sein, tendenziell also weniger vollmundige Ankündigungen und mehr praktische Umsetzung. Das dürfte jenen Unternehmen schwerfallen, die eine Diversity-Agenda im Sinne eines „Social Washing" vor allem als Marketinginstrument sehen und weniger als Weg zu mehr Vielfalt, Innovation und Fairness. Für Unternehmen, die es ernst meinen mit mehr Vielfalt, wäre es hingegen ein möglicher Weg. Kontakt baut Vorurteile ab. Je mehr fähige Frauen auf allen Ebenen durch verbessertes, gendergerechtes Personalmarketing sowie durch faire, so weit wie möglich objektivierte Auswahlprozesse arbeiten, desto weniger dürfte auf Dauer der Vorwurf der Ungerechtigkeit zu Lasten der Männer haltbar sein. Realistische Ziele senken ebenfalls Barrieren. Wenn es in einem Studiengang aktuell nur 10 bis 15 Prozent Frauen gibt, ist es fragwürdig, Positionen – erst recht Führungspositionen – ab sofort völlig paritätisch besetzen zu wollen.[47] Zielführender als Hauruckaktionen, die fast schon scheitern müssen, sind kontinuierliche, stetige Verbesserungen. Hier könnten auch – ähnlich wie bei anderen Change-Projekten – „Promotoren" und Vorreiter im Unternehmen ins Spiel kommen. Gemeint sind Vorgesetzte, die bereits jetzt auf Frauen im Team setzen und dank positiver Erfahrungen als formelle und informelle Botschafter des Geschlechterwandels fungieren. Am Ende des Tages zählt für eine Führungskraft der Erfolg, und wenn dieser in gemischten Teams erkennbar größer ist, dürfte das Fronten aufweichen. Geschlechterübergreifende Netzwerkveranstaltungen und moderierte Foren zu Themen wie Führungs- und Unternehmenskultur könnten überdies dem Eindruck entgegenwirken, es handele sich um ein Sonder- oder gar Wohlfühlprogramm für Frauen.

Dennoch wird es auf Topebene ohne eine Quote nicht gehen. Dort sind die Widerstände am stärksten und gleichzeitig ist dort die Signalwirkung am größten. Wie sollen junge Frauen für einen Einstieg und für dauerhafte Karriereanstrengungen im Unternehmen gewonnen werden, wenn es keine glaubwürdigen Belege dafür gibt, dass Sie es in dieser Organisation tatsächlich schaffen können? Auf den langen Marsch durch die Karriereebenen zu hoffen, hat uns in den letzten 30 Jahren kaum weitergebracht. Dafür ist die gläserne Decke, die Frauen in mittleren Managementpositionen festhält, offenbar nach wie vor zu stabil. Ein Positivbeispiel für die Wirksamkeit von Quoten ist der *SAP*-Konzern, der 2019 einen paritätisch besetzten Aufsichtsrat (neun Frauen und ebenso viele Männer) sowie zwei Frauen im Vorstand hatte, darunter Co-CEO Jennifer Morgan, deren Berufung als erste Frau an die Spitze eines DAX-Konzerns ein großes Echo in der Wirtschaftspresse fand. Margret Klein-Magar, stellvertretene Aufsichtsratsvorsitzende *SAP*, kommentiert die dortige Personalpolitik wie folgt: „Es gibt ein großes Potenzial hochqualifizierter Frauen, aber nur wenige kommen an die Spitze. Unternehmen haben eine besondere Verantwortung, dies zu verändern. SAP hat frühzeitig begonnen, Frauen auf ihrem Weg in Führungspositionen zu unterstützen. 2017 haben wir unser Ziel erreicht, 25 Prozent der Führungspositionen mit Frauen zu besetzen. Bis 2022 möchten wir diesen Anteil jährlich um einen Prozentpunkt erhöhen und erreichen, dass 30 Prozent unserer Führungskräfte weiblich sind. Unser Aufsichtsrat besteht heute schon zur Hälfte aus Frauen. Wichtig war dafür, dass wir unseren Blick geweitet haben: Diversität macht stark. Geschlechterspezifisch, aber auch bezüglich unterschiedlicher kultureller und beruflicher Hintergründe.“[48]

Zwar gibt es wenige lobenswerte Ausnahmen namhafter Unternehmen, die auch ohne Quote auf mehr Frauen setzen. *Fresenius Medical Care* beispielsweise berief im November 2019 mit Finanzvorstand Helen

Giza eine zweite Frau in den Vorstand und hatte damit den höchsten Frauenanteil im DAX.[49] Dem standen zur gleichen Zeit jedoch 58 börsennotierte Unternehmen gegenüber, die für den Frauenanteil in ihren Vorständen die „Zielgröße Null" definiert hatten.[50] Fazit: Wir brauchen verbindliche Quoten als Entwicklungsbeschleuniger.

NOTORISCHER AUFREGER ODER: WAS FÜR EINE QUOTE IM TOPMANAGEMENT SPRICHT

In ihrem Buch „What works" berichtet die Verhaltensökonomin und Harvard-Professorin Iris Bohnet von der erstaunlichen Wirkung einer indischen Verfassungsänderung: 1993 bestimmte die indische Regierung mit dem *Panchayati Raj Act*, dass ein Drittel aller Sitze in den Dorfräten zukünftig für Frauen reserviert sein müsste. Dasselbe galt für ein Drittel der Vorsitzenden dieser Räte. Während der Einführungsphase wurden Dörfer, in denen diese Bestimmung umzusetzen war, per Zufallsprinzip ausgewählt. Sozialwissenschaftler wie Ester Duflo (MIT) und Rohini Pande (Kennedy School) werteten aus, was sich in den Dörfern mit Frauenbeteiligung im Vergleich zu traditionell regierten Dörfern im Folgenden veränderte – ein gigantisches und einmaliges soziales Experiment. Einige Ergebnisse: Dörfer mit Frauenbeteiligung investierten nicht nur mehr in öffentliche Dienstleistung, hier wuchs auch das generelle Selbstbewusstsein der Frauen. Sie meldeten sich beispielsweise in Ratssitzungen häufiger zu Wort und zeigten Verbrechen gegen Frauen häufiger an (in Indien ein erheblicher Fortschritt). Männliche Dorfbewohner, die Führungsfrauen erlebt hatten, bewerteten diese positiver (als „effizienter") als Männer in dieser Rolle, allerdings auch als weniger „sympathisch" – was fatal an westliche Stereotypen einflussreicher Frauen erinnert.[51] Weitere Befunde: „Eltern, die zweimal eine Frau an der Spitze des Dorfrats erlebt hatten, wünschten mit größerer Wahrscheinlichkeit, dass ihre Töchter studierten", und „Mädchen, die weibliche Dorfvorsitzende kennengelernt hatten, verbrachten weniger

Zeit mit Hausarbeiten und wollten erst in späterem Alter heiraten". Der *Panchayati Raj Act* wurde ein Erfolg – 2005 betrug der Frauenanteil in Dorfräten 40 Prozent, überstieg also die staatlich verordnete Quote von 33 Prozent.[52]

Was hat das ländliche Indien mit der Situation in Unternehmen hierzulande zu tun? Die Quotenerfahrung dort belegt einen simplen und in der hitzigen Quotendiskussion oft übersehenen Mechanismus: Damit Vorurteile abgebaut werden können, braucht es genügend Menschen, die diese sichtbar widerlegen. Gibt es diese Gegenbeispiele nicht, kommt es zu einem fatalen Teufelskreis von Gender-Stereotyp und Verfestigung der Vorurteile: „Selbst wenn die Überzeugungen keinerlei Grundlage haben, entstehen keine Belege, die ihnen widersprechen, weil die Frauen gar keine Chance bekommen zu beweisen, dass die Überzeugungen falsch sind. Und deshalb existieren die unbegründeten Überzeugungen weiter und mit ihnen die ungerechtfertigte Diskriminierung." Zu diesem Schluss kamen Paul Milgrom und John Roberts, Wirtschaftswissenschaftler an der *Stanford University*, schon 1992.[53] Wahrnehmungspsychologie und Neurobiologie erhärten ihre These. Menschen beurteilen andere intuitiv und unbewusst auf der Basis vertrauter Kategorien, Stereotypen und Vorurteile. Dabei ist das von Nobelpreisträger Daniel Kahneman als „System 1" bezeichnete Denken (das schnelle, automatische, unkontrollierte Denken) aktiv. „System 2" (das bewusste, langsame und kontrollierte Denken) hat kaum noch eine Chance gegen diese von Gewohnheiten und Erwartungen bestimmte Urteilsbildung, denn selektive Wahrnehmung bestätigt das Ersturteil fortwährend. Eric Kandel, Neurowissenschaftler und ebenfalls Nobelpreisträger, schätzt, dass unser Gehirn zu 80 bis 90 Prozent unbewusst arbeitet, was solche „sich selbst erfüllenden" Denkmuster unweigerlich bedingt.[54] Wer Frauen von frühester Kindheit an und noch Jahrzehnte ausschließlich als Mütter, Kindergärtnerinnen, Lehrerinnen und in anderen „frauentypischen" Berufen erlebt und selten bis nie mit Frauen in gehobener Position konfrontiert wurde, kommt zu dem Schluss, dass sie dort auch nicht hingehören, nicht hinwollen oder ohnehin scheitern würden.

Es geht bei der Einführung einer Quote also nicht darum, Frauen einseitig zu bevorzugen. Es geht vielmehr darum, ihre weitere systematische Benachteiligung zu beenden. Das Argument, im Unternehmen solle Leistung und Kompetenz über das Fortkommen entscheiden und nicht eine „ungerechte" Quote, zieht nicht, weil Kompetenz und Leistung vor Einführung der Quote keineswegs objektiv beurteilt werden. Orchestermusikerinnen und -musiker kann man hinter einem Vorhang vorspielen lassen, was (wie in Teil I geschildert) zu einer drastischen Erhöhung des Frauenanteils in Symphonieorchestern geführt hat. Die Dirigenten waren sich zuvor sicher, sie urteilen völlig objektiv und ohne Ansehen der Person, und dennoch verzerrte das Geschlecht ihr Urteil drastisch. In Unternehmen können wir nicht einfach Vorhänge spannen. Und wenn wir Toppositionen wie bisher auf der Basis einer männlich geprägten Scheinobjektivität vornehmen, werden Frauen noch viele Jahre lang das Nachsehen haben. Behauptungen wie „Bei uns geht es streng nach Leistung" oder „In unserem Unternehmen gibt es keine Diskriminierung" sind vor dem Hintergrund erkenntnistheoretischer Zusammenhänge mehr als fragwürdig. Menschen sind keine Computer, sie urteilen niemals ohne „Vor-Urteile", sondern auf der Basis von Erfahrungswerten, Denkschablonen und vertrauen Mustern – von simpler Besitzstandswahrung gar nicht erst zu reden. Erfahrungen erlauben uns, blitzschnell zu urteilen. Falsche oder einseitige Erfahrungen führen ebenso blitzschnell zu falschen Urteilen. Diesen Mechanismus dämmt eine Quote ein. Nur wenn verbindliche Metriken, messbare Größen und nachhaltige Sanktionen zusammenkommen, wird es gelingen, qualifizierte Frauen in Führungspositionen zu bringen. Frauen müssen die Chance bekommen, sich über ihre Leistung zu beweisen und sich dann über den generierten Erfolg langfristig auf C-Level-Ebene zu etablieren. Ab diesem Punkt werden Quoten überflüssig werden.

Dazu passt, dass auch viele sehr erfolgreiche Frauen in der Rückschau eine Quote befürworten. Junge Frauen wollen keine „Quotenfrau" sein und sind vielfach dagegen. Das ist verständlich, denn ein solcher

Generalverdacht wird von Karrierekonkurrenten nur zu gern für ihre Interessen instrumentalisiert. Frauen in den Vierzigern dagegen sagen häufig: „Früher war ich gegen eine Quote, doch inzwischen weiß ich: Leider geht es nicht ohne." Zwischen beiden Haltungen liegen meist zehn oder mehr Jahre, in denen Frauen Karrierediskriminierung erlebt haben und zu dem Schluss kommen, dass es für eine Übergangsphase Quoten geben muss, um gleiche Chancen im Management und eine gleichberechtigte Teilhabe von Frauen an der Macht nicht auf den Sankt-Nimmerleins-Tag zu verschieben. ∎

AM WENDEPUNKT: MUTIG DAS TOPMANAGEMENT EROBERN

Welche Verhaltensstrategien empfehlen sich für weibliche Führungskräfte, die im Mittelmanagement angekommen sind und weiter bis ins Topmanagement aufsteigen wollen? Vor dem Hintergrund der zitierten Studien, eigener Erfahrungswerte und weiterer Praxisbeispiele sind es die Folgenden:

- Das eigene Harmoniebedürfnis hinterfragen. Um im Job erfolgreich zu sein, müssen Sie respektiert werden. Es geht nicht darum, geliebt zu werden und es jedem recht zu machen.
- Damit rechnen, dass man Sie „als Frau" misstrauisch beäugt und Ihre Führungs- und Managementkompetenz anzweifelt – auch wenn dies selten offen ausgesprochen wird, weil es gegen die Political Correctness im Unternehmen verstößt. Je ungewohnter Frauen im Mittel- und Topmanagement des Unternehmens sind, desto stärker kann dieser Effekt sein.
- Ein klares Karriereziel für sich formulieren – wissen, wohin man will und sich große Ziele zutrauen. Auf dieser Basis entscheiden, was die strategisch klügsten nächsten Schritte sind.

- Sich von falsch verstandener „Authentizität" verabschieden und das Herz nicht auf der Zunge tragen. Eine gehobene Führungsrolle ist eine zusätzliche Lebensrolle mit eigenen Anforderungen. In Organisationen regieren (wenn auch in unterschiedlicher Ausprägung) in der Regel Machtkalkül, Eigeninteressen und Konkurrenzdenken. Zu viel Offenheit schadet und macht verwundbar.

- Die eigenen Kernwerte und Antreiber kennen. Eine inhaltliche Mission beflügelt und ein klares Wertebewusstsein fungiert als Kompass bei Auftreten und Entscheidungen. Beides definiert Ihre „rote Linie": Was können und wollen Sie nicht mittragen?

- Sich vorher im Klaren darüber sein, was eine große Karriere für Ihr Familienleben bedeutet. Unterstützt der Partner Ihr Vorhaben? Sind Kinder da oder geplant? Falls ja, können Sie damit leben, Ihre Kinder weniger zu sehen als andere Mütter oder Väter und ihre Betreuung dem Partner oder anderen Unterstützern anzuvertrauen?

- Welche Abstriche im Privatleben sind Sie bereit zu machen und wo tanken Sie privat auf? Was erdet Sie, wo ist Ihr Ausgleich?

- Einen eigenen Führungsstil entwickeln und dem Team eindeutig sagen, was Sie erwarten und was Sie wie handhaben möchten. Fair und freundlich sein, aber gleichzeitig Distanz wahren. Nichts versprechen, was Sie nicht halten können, sich nicht anbiedern und Konflikten nicht aus dem Weg gehen.

- Nicht den Fehler machen, Frauen automatisch und qua Geschlecht als Verbündete zu betrachten. Auch Frauen haben Vorurteile gegen weibliche Führungskräfte, auch Frauen spinnen Intrigen. Manche Mitarbeiterinnen werden Sie aus falsch verstandener Frauensolidarität auszunutzen versuchen.

- Das mikropolitische Beziehungsgeflecht im Unternehmen genau beobachten und sich von der Vorstellung verabschieden, mit Offenheit, Sachlichkeit und eindeutigen Zahlen komme man am weitesten.

- Ein Netzwerk im Unternehmen aufbauen, sich Verbündete suchen.

Wichtige Entscheidungen im Vorfeld absichern, damit Sie im Meeting nicht ins offene Messer laufen und unnötige Niederlagen kassieren. Besonders relevant ist es, den eigenen Vorgesetzten/die eigene Vorgesetzte auf seiner Seite zu haben.

- Aufhören, Kontroversen persönlich zu nehmen, diese auf sich zu beziehen und sie sich zu Herzen zu nehmen. Damit verschwenden Sie Zeit und Nerven und bewirken gar nichts. Männer fühlen sich auch nicht immer gleich als Mensch verletzt und kanalisieren ihre Energie dadurch deutlich effizienter.

- Immer den „Ranghöchsten" bei Entscheidungen ansprechen und nicht krampfhaft nach Gehör und Zustimmung in der gesamten Gruppe suchen. Sich nicht unterbrechen lassen, nur vom Ranghöchsten (und das muss nicht der Vorgesetzte sein). Frau ist nicht unhöflich, nur weil sie ihren Standpunkt vertritt und ihre Redezeit beansprucht.

- Unterstützenden formellen Netzwerken beitreten, sich dort sichtbar engagieren und die Basis für nützliche Seilschaften knüpfen. Jammerzirkel meiden und auch bei informellen Netzwerken darauf achten, dass die Mitglieder sich gegenseitig stärken.

- Ranghöhere, Chefs und wichtige Kunden gewinnt man auch außerhalb der Arbeitszeiten für eigene Interessen. Abendveranstaltungen nicht um 19:00 Uhr verlassen, um am nächsten Tag fit fürs Büro zu sein, sondern aktiv netzwerken. In vielen Wirtschaftskontexten werden wichtige Bündnisse an der Bar und nicht im Büro geknüpft – persönliche Verbindungen sind oft wichtiger als Leistung. Das ist einfach so, und dem kann man sich auch als Frau nicht entziehen.

- Sich eine Rüstung gegen verkappt oder offen frauenfeindliches Verhalten und anderen „Gegenwind" zulegen. Sprüche an sich abprallen lassen, mit Humor Distanz schaffen oder lächelnd die Zähne zeigen – selbstbewusst Frau sein. Allen werden Sie es ohnehin nie recht machen! ▮

STATEMENTS

» Worauf kommt es Ihrer Erfahrung nach vor allem an, wenn man im Mittelmanagement weiterkommen will? «

Zur Frage, worauf es im Mittelmanagement ankommt, konnte ich ebenfalls erfolgreiche Frauen und Männer für ein Statement gewinnen. Hier ihre Antworten. Die Vitae der Befragten finden Sie wieder am Ende des Buchs.

Susanne Aigner,
PARTGESCHÄFTSFÜHRERIN
DISCOVERY DEUTSCHLAND

„Das große Ganze im Blick behalten, aber gleichzeitig die To-dos und das Tagesgeschäft der Mitarbeiter auf dem Schirm haben – das ist eine beständige Herausforderung für das mittlere Management, zumal gerade hier die Themenfelder durch die allumfassende Digitalisierung immer vielfältiger und komplexer werden. Erfolgreich werden deshalb vor allem die Managerinnen und Manager sein, die aufgrund ihrer strukturierten Denkweise in der Lage sind, als zentrale Vermittler im Unternehmen die strategischen Ziele des Topmanagements in konkrete Aufgaben für die Mitarbeiter zu „übersetzen" und dabei Informationen und Wissen fundiert einzuordnen. Mit einem fairen, aber eindeutigen Führungsstil, der auf Vertrauen und Eigenverantwortlichkeit fußt, prägen sie die Unternehmenskultur maßgeblich und loyalisieren zudem die besten Mitarbeiter. Das zeigt: Im mittleren Management sind – vielleicht mehr als auf jeder anderen Ebene – klar und authentisch kommunizierende, starke Führungspersönlichkeiten gefragt." ▮

Jan Ising
MANAGING DIRECTOR FÜR LIFE SCIENCES BEI ACCENTURE (DEUTSCHSPRACHIGE LÄNDER) UND LEITER DER LOKALEN WOMEN INITIATIVE

Es fängt mit der eigenen Karriereplanung an, sprich: Karriereziele setzen, durchdachte Entscheidungen treffen und die Karriere proaktiv vorantreiben. Ebenso wichtig sind Netzwerke – und zwar nicht nur reine Frauennetzwerke. Hier baut man Kontakte auf, nimmt viele Impulse mit, kann voneinander lernen. Wer sich in Netzwerken bewegt, ist sichtbar und dann auch mal schneller im Gespräch, wenn Positionen besetzt werden. Coachings und Mentorings für die fachliche Weiterentwicklung sollten selbstverständlich sein. Hilfreich ist es zudem, wenn man sich im Unternehmen Fürsprecher sucht, wir nennen es bei uns Counselor oder Sponsoren, die zum einen bei der individuellen Karriereplanung unterstützen, zum anderen für Positionen vorschlagen können. Und manchmal lohnt wohl auch die Frage: Komme ich in dem Unternehmen voran, in dem ich gerade arbeite? Diversität und Inklusion sind kein Selbstzweck, sondern haben für Unternehmen auch wirtschaftliche Vorteile. Das Thema gehört auf die Agenda des Topmanagements." ▮

Marianne Stroehmann
DIRECTOR BEI DER GOOGLE
DEUTSCHLAND GMBH UND MITGLIED
DES DACH & EASTERN EUROPE (CEE)
MANAGEMENT TEAMS:

„Es braucht vor allem Mut, Selbstreflexion und die Bereitschaft, die Perspektive zu wechseln – Fleiß alleine reicht nicht. Lernen hört nie auf – das betrifft auch das Thema eigene Karriere. Ich musste lernen, mich zu fragen, welche Ergebnisse oder Fähigkeiten für die nächste Führungsebene besonders relevant sind. Entscheidend auch: Wie schätzt mein Umfeld mich ein in Bezug auf die Fähigkeiten, die es für die nächste Stufe braucht?

Um Teil eines Führungsteams zu werden, hat es mir geholfen, ein Verständnis für die unterschiedlichen Perspektiven zu entwickeln. Das betrifft sowohl die fachlichen Perspektiven als auch die Nuancen der strategischen Ausrichtungen. So konnte ich meine Sprache und Ergebnisse für eine effektivere Zusammenarbeit ausrichten und den eigenen Mehrwert für das neue Team besser entwickeln. Mut zu haben, gezielt in den Dialog zu gehen, ist entscheidend. Es erfordert oft Mut, Chancen aktiv einzufordern. Mut hilft, neue Themen anzugehen, um neue Fähigkeiten zu lernen und Mut zu haben, dabei auch hartes Feedback einzufordern. Es verlangt auch Mut, die eigenen Vorstellungen, Motivation und auch die Ergebnisse klar darzustellen."

Karriere bedeutet unter anderem, sich immer wieder Herausforderungen zu stellen – das zeigen auch diese Stimmen. Das ist spannend, beflügelnd, aber natürlich auch anstrengend. Eine ungeschminkte Bilanz einer erfolgreichen Karriere zieht Antje Neubauer im folgenden Beitrag. ∎

GASTBEITRAG

Antje Neubauer
(EHEM. CMO DEUTSCHE BAHN)

» Pausentaste.
Auf dem Höhepunkt –
Ausstieg als Option «

Ich wurde 1970 geboren und gehöre damit zu den Ausläufern der Generation X und den Anfängen der Generation Golf. Was uns unter anderem ausmacht: Wohlstandsdrang. Denn: Man sollte das Erreichte der Eltern nicht nur fortführen, sondern größer machen. Schließlich waren sie die Nachkriegsgeneration, die den Aufbau und Aufschwung vorangetrieben und dafür hart gearbeitet hatten. Für Leistung gab es zu dieser Zeit in der Gesellschaft Anerkennung, Respekt, gar Liebe. Das mag sich heute verrückt anhören, ist aber ein wesentlicher Bestandteil unserer Sozialisierung. Und obwohl ich heute einen deutlich differenzierteren Blick auf Gesellschaft, Familie, Leistung und Arbeitswelt habe, treiben mich bis heute Pflichtbewusstsein, die Begeisterung für die Arbeit, aber auch Macht und Erfolg. Ich weiß, dass es unsympathisch klingt, wenn ausgerechnet eine Frau das sagt. Aber genau das treibt mich um: Ich empfinde es als große Freude, wenn ich meine gesteckten Ziele erreiche, auch wenn das heißt, die Extrameile zu gehen.

Ich bin 1995 nach dem Studium direkt in die Arbeitswelt eingestiegen. Das war zu dieser Zeit fast etwas Besonderes. Damals beherrschte das Thema Arbeitslosigkeit die Medienberichterstattung und die Politik. Und mit dem, was ich studiert hatte – nämlich Kommunikationswissenschaft und Psychologie – konnten viele nichts anfangen, auch meine Familie nicht. Jura oder Medizin galten da schon eher als Erfolgsgaranten. Der Stellenwert der Geisteswissenschaften war gering. Einen ordentlich bezahlten Job zu bekommen war fast wie ein „Sechser" im Lotto. Hatte man ihn, griff man zu und hielt ihn fest. Man war bereit, maximalen Einsatz zu zeigen. Das Unternehmen, der Chef, der Job, die Karriere wurden so sehr schnell zur obersten Priorität.

Ich gehörte zu den Glücklichen, die es „geschafft" hatten. Und das hieß: Ich machte, ich tat, ich lief und lief. Natürlich wurde ich von meinen unterschiedlichsten Chefinnen und Chefs getrieben, aber ich habe mich mindestens genauso selbst getrieben. Meine persönliche Entwicklung in der Arbeitswelt ist stark geprägt von Konzernstrukturen und dem dazugehörigen Habitus, einem fast ausschließlich männlichen Umfeld, vielen Geschäftsreisen, Hotelaufenthalten und Arbeiten im Ausland. Hätte ich mir Zeit nehmen können, um einmal durchzuatmen und links und rechts zu schauen? Vielleicht. Habe ich es getan? Nein. Ich habe die ungeschriebenen Gesetze der Arbeitswelt, in der ich mich bewegte, befolgt. Ich habe mich hochgearbeitet, sehr viel Zeit und Energie investiert, die klassische Konzernkarriere gemacht, bin oben angekommen. Ich habe es geliebt, manches Mal gehadert, aber zugleich auch genossen. Unterschiedlichste Branchen und Teams waren mein berufliches Zuhause: Von der Telekommunikation wechselte ich ins internationale Wassergeschäft, es folgten das Trading Geschäft, Verbandsarbeit in Berlin und Brüssel, weltweite Logistik und bis vor Kurzem Mobilität. Einige Erlebnisse, Erfahrungen waren sonderlich, auch wenn man vielleicht als Frau selbst der Sonderling in der männlich geprägten Arbeitswelt war. Einer meiner CEOs ließ mich in einem Nebensatz einmal wissen, dass mein Kleidungsstil zu auffällig, zu bunt sei, ich selbst zu präsent. So empfahl er mir, ich solle mich doch, sobald ich einen Raum betrete, als „Person und Frau" stark zurücknehmen. Die Aussage machte mich zunächst wütend. Für diese Form der Kritik fehlte mir das Verständnis. Aber dann wurde mir klar: Aus seiner Perspektive – der eines älteren, weißen Mannes – gab er mir einen wichtigen Rat. Aus meiner Perspektive war dies völlig daneben. Ich habe mich dennoch mit einem Nicken für den Rat bedankt und nichts an meinem Kleidungsstil und Verhalten verändert. Meiner Karriere tat dies keinen Abbruch.

Große Verantwortung und Macht, was ich als Gestaltungsspielraum verstehe, haben mich motiviert und begeistert. Dafür bin ich Tag für Tag gerne morgens ganz früh aufgestanden und abends spät ins Bett gegangen. Ich wollte es so. Ich bereue es nicht. Doch dann kam der Punkt, an dem ich schlichtweg einfach innehalten wollte, das Erreichte und Getane überdenken: Ich habe gekündigt. Ohne einen anderen Job oder eine klare Idee bzw. Perspektive, was kommt. Ich gebe zu, den Mut hierfür hatte ich nicht von jetzt auf gleich. Aber ich halte es in unserer sehr getriebenen, stark ergebnisorientierten Gesellschaft für wesentlich, dass Topführungskräfte – vielleicht jeder Arbeitnehmer, sofern er es möchte und kann – einmal innehält und sich eine Auszeit gönnt. Um neue, andere Sichtweisen, Perspektiven zu bekommen. Das halte ich für wichtig und gesund. So kann eine Führungskraft – das Wort sagt es – mit Kraft führen. ▪

UNTERNEHMERTUM ALS ALTERNATIVE?

Als Leserin der ungeschönten Darstellung des Managementalltags in diesem Kapitel können Sie Antje Neubauers Entscheidung für einen Ausstieg auf Zeit möglicherweise gut nachvollziehen. Viele Kolleginnen fragen sich bereits im Mittelmanagement, ob sie dem einmal eingeschlagenen Weg wirklich weiter folgen sollen. Wollen sie weiterkämpfen und über das bisher Erreichte hinaus die Unternehmensspitze, die Geschäftsführung oder den Vorstand anstreben? Sich als Frau im Business zu behaupten, kostet in den meisten Umfeldern zweifellos sehr viel Energie, und das nicht zuletzt auf Nebenkriegsschauplätzen, auf denen Männer weit weniger zu kämpfen haben. In etlichen Managerinnen keimt vor diesem Hintergrund der Wunsch, den üblichen Machtkämpfen zu entgehen und ein eigenes Business zu starten. Wohin die Reise gehen soll, lässt sich manchmal schwer sagen, solange man noch mitten im (alten) Business ist. Ich selbst gönnte mir 2018 ebenfalls eine Auszeit und tourte ein Jahr lang mit dem Camper und Hund Fiete durch Europa. Am Ende waren 50.000 Kilometer gefahren – und die Idee zu *Mission Female* geboren.

Zur Frage „Ausstieg – ja oder nein?" möchte ich Ihnen zwei Gedanken mit auf den Weg geben. Der erste: Wenn Sie es bisher geschafft haben, spricht alles dafür, dass Sie auch weiter Erfolg haben werden. Sie wissen inzwischen, wo die Fallstricke in Unternehmen liegen, wie Sie sich durchsetzen und wie Sie Angriffe und blöde Sprüche parieren. Sie haben Ihr Rollen- und Führungsverständnis entwickelt und treten als Managerin weit routinierter und souveräner auf als zu Beginn Ihrer Karriere. Für das Topmanagement werden Sie diese Qualitäten weiterentwickeln und schließlich ins Rampenlicht der Öffentlichkeit treten, viel Verantwortung tragen und größere Gestaltungsmöglichkeiten haben. Das ist eine reizvolle Herausforderung. Der zweite Gedanke: Wenn Sie der Machtspiele und Abhängigkeiten im Alltag einer angestellten Managerin überdrüssig sind und lieber Ihr „eigenes Ding" machen wollen, dann ist jetzt ein sehr guter Zeitpunkt dafür. Denn als versierte Managerin haben

Sie alles, was es dafür braucht: betriebswirtschaftliches Know-how, Erfahrung im Business, Branchenkontakte und Kontakte über die eigene Branche hinaus, wahrscheinlich auch ein finanzielles Polster, das den privaten Lebensstandard erst einmal sichert. Und zu all dem nicht zuletzt eine gehörige Portion Lebenserfahrung.

Natürlich verlangt auch die Gründung oder Übernahme eines Unternehmens eine Menge Energie. Die eigentliche Frage ist also: Wofür möchten Sie Ihre Energie in Zukunft investieren: für die konsequente Weiterverfolgung des bisher eingeschlagenen Wegs – oder für etwas Neues? Die Antwort darauf wird davon abhängen, was Ihnen wirklich wichtig ist in Ihrem Leben. Bei mir war es der Wunsch nach Unabhängigkeit, der mich nach 15 Jahren Karriere in der Medien- und Technologiebranche aussteigen und ein eigenes Unternehmen gründen ließ. Ich habe es nie bereut, selbst wenn es hier natürlich auch Hürden zu überwinden und Schwierigkeiten zu meistern galt – ich erinnere nur an die Hinauszögerung meines Gründungszuschusses durch einen Sachbearbeiter, der sich laut eigener Aussage „nicht vorstellen konnte, dass eine Frau ein Tech-Unternehmen gründet". Das „Frauenthema" holt uns auch als Unternehmerinnen wieder ein. Doch als Inhaberin oder Gesellschafterin können wir manche diplomatische Zurückhaltung fallen lassen und in dieser Frage eigene Akzente setzen, z. B. durch die bewusste Förderung von Frauen. War es bei mir ein hohes Bedürfnis nach Eigenständigkeit, so ist es bei anderen Gründerinnen die Leidenschaft für ein ganz bestimmtes Projekt, die sie mit Verve ein eigenes Unternehmen starten lässt. Mehr Frauen als Männer treibt dabei ein soziales oder gesellschaftliches Anliegen an.[55] Wieder anderen Frauen bietet sich die Chance, ein familieneigenes Unternehmen in die Zukunft zu führen oder im Rahmen eines Management-Buy-Outs ein bereits am Markt etabliertes Angebot zu forcieren.

Die Wege ins Unternehmertum sind vielfältig, wie auch die Vitae der im Folgenden zitierten der Gründerinnen und Unternehmerinnen illustrieren. Nach dem Erfolg ihres ersten Unternehmens *OUTFITTERY* hat Anna Alex mutig schon zum zweiten Mal gegründet. Gaby Gassmann übernahm nach anderen beruflichen Stationen das familieneigene Unternehmen *Magnus Mineralbrunnen* und hält es trotz mächtiger Wettbewerber auf Erfolgskurs. Und Kasia Mol-Wolf führt neben der Leitung eines mittelständischen Verlags unter anderem ihr Herzensprojekt EMOTION als Herausgeberin und Chefredakteurin weiter. Drei Beispiele, die zeigen: Wir alle haben mehr Möglichkeiten, als wir in schwachen Stunden glauben! ▮

STATEMENTS

>> **Was hat Sie als Gründerin/ Unternehmerin erfolgreich gemacht?** «

Anna Alex
GRÜNDERIN OUTFITTERY UND
WWW.PLANETLY.ORG

„Einfach mal machen. Frauen neigen dazu, alles totzudenken und zu lange zu zögern. Ich handele nach dem Motto, einfach mal ausprobieren, und das kann ich jeder Frau ans Herz legen. Nicht zu lange darüber nachdenken, was alles schief gehen könnte. Wenn du ein Unternehmen gründen möchtest, dann ist das nicht auf Lebenszeit. Mein Tipp: Starte, setz dir einen Zeitrahmen von sechs Monaten und schau nach dieser Zeit, wie es für dich gelaufen ist. Wenn du feststellst, dass Unternehmertum doch nicht das Richtige für dich ist, dann kannst du wieder in einen festen Job gehen. Ich rate dazu, der Entscheidungsfindung eine gewisse Leichtigkeit zuzuschreiben – das würde jeder Frau, die mit dem Gedanken spielt zu gründen, sehr guttun. Und uns in Deutschland viel mehr Gründerinnen bescheren." ∎

Gaby Gaßmann
INHABERIN MAGNUS
MINERALBRUNNEN

„Konsequenz in meinen Entscheidungen – und vor allem ein gutes Maß an Vertrauen in mein Bauchgefühl. Der Aufbau einer Marke im Mineralwassermarkt – in starker Konkurrenz zu Großkonzernen – ist nur möglich, indem wir grundsätzlich ‚anders als andere‘ agieren, insbesondere flexibel und innovativ. Wir haben uns mit eigenen, attraktiven Gebinden, mit einer ‚frechen‘ Ansprache und einer wertorientierten Ausrichtung positioniert. Der schonende Umgang mit Ressourcen, die Nähe zu unseren Kunden und vor allem die gemeinsame Wahrnehmung als das ‚Gute-Laune-Team‘, die alle Mitarbeiter verinnerlicht haben, heben uns dabei aus der Masse der Angebote im Markt positiv heraus. Das habe ich gemeinsam mit meinem Team nur geschafft, indem ich bewusst andere Wege mit Magnus gegangen bin. Der Mut zu Neuem wird mit unserem Erfolg bestätigt. “ ∎

Dr. Katarzyna (Kasia) Mol-Wolf

GESCHÄFTSFÜHRENDE GESELLSCHAFTERIN
INSPIRING NETWORK UND EDITORIAL
DIRECTOR VON EMOTIONG

„Erfolg hat nicht zwingend etwas mit Geld oder Status zu tun. Erfolg bedeutet für mich, die eigenen Träume zu verwirklichen und jeden Tag das tun zu können, wofür ich mit Leidenschaft brenne. In diesem Sinne erfolgreich wurde ich deshalb genau in dem Moment, in dem ich beschloss, auf meine Fähigkeiten zu vertrauen und meine Vision, die ich für das Magazin EMOTION hatte, in die Tat umzusetzen. Seitdem lief nicht immer alles auf Anhieb glatt. Doch mit einer Vision vor Augen habe ich gelernt, dass man an jeder Herausforderung wachsen und den eigenen Kompass immer neu kalibrieren kann. Wichtige Fragen dafür: Will ich das wirklich? Bringt mich das meinem Traum ein Stück näher? Wer bereit ist, Wege, die sich nicht (mehr) richtig anfühlen, zu verlassen und Wege zu beschreiten, die einem richtig erscheinen, der ist in meinen Augen erfolgreich. ▌

03 TOPMANAGEMENT GRÖSSE ZEIGEN: DIE ERHABENE

> » Ich bin nicht ‚bossy'.
> Ich bin der Boss. «

KARRIEREVERSPRECHEN: „STARKE PERSÖN-
LICHKEITEN SETZEN SICH DURCH"

Woran denken Sie, wenn von „exklusiven Kungelrunden" die Rede ist, „die bei Skat, Fußball oder Bergtouren jahrelang Strategie, Macht und Posten untereinander aufteilen"? Oder davon, ein Vorsitzender habe ein Gremium „fest im Griff", weil er nach und nach Freunde und Wegge-fährten um sich versammelt habe, die seine Arbeit „nie ernsthaft infrage stellen"? Leider geht es hier nicht um den Dorfverschönerungsverein von Kleinkleckersdorf, sondern um die Aufsichtsräte milliardenschwerer DAX-Konzerne. Anfang Februar 2020 beklagte der *Spiegel* die „Misere des deutschen Aufsichtsratswesens" und „Kontrollversagen". Bekannte Beispiele: *Bayer* und die verheerende Monsanto-Übernahme, die *Deutsche Bank* und ihre „Boni-Exzesse" in Zeiten hoher Verluste oder auch *Daimler* mit dem Dieselskandal und dem Verschlafen der E-Mobilität. Die perso-nellen Verflechtungen auf dem Olymp der deutschen Wirtschaft illustriert das Nachrichtenmagazin mit einem kreisförmigen Diagramm, dessen Ver-bindungen an ein Mandala erinnern – jene sternförmigen Bildchen, die mit unzähligen Linien zum Ausmalen einladen. Kumpanei statt Kompetenz? Offenbar leider keine Ausnahme. Was das für Frauen bedeutet, die es ganz nach oben schaffen, ist Thema dieses Kapitels.[1]

MACHTFRAGEN UND WIE SIE ENTSCHIEDEN WERDEN

In einer idealen Welt wären die Spitzen in Wirtschaft und Gesellschaft mit weitsichtigen, klugen, integren Persönlichkeiten besetzt – mit Men-schen, die vor allem das Gemeinwohl und das Wohl des Unternehmens inklusive aller dort Arbeitenden im Auge hätten. Doch wie wir alle wissen, leben wir nicht in einer idealen Welt, in der die weisen Gandalfs etwas zu sagen haben. Vor einigen Jahren befragte das Marktforschungsinstitut *Sinus Sociovision* im Auftrag des *Bundesministeriums für Familie, Senioren, Frauen und Jugend* (also für praktisch alles außer Männer) rund 500 Führende beiderlei Geschlechts zu Frauen im Topmanagement und daneben noch einmal 40 Topmanager in „mehrstündigen narrativen Einzelgesprächen" zur selben Frage. In diesen Gesprächen gaben Topmanager unter dem Schutz der Anonymität interessante Einblicke in ihren Alltag. „Ich sage es jetzt mal ganz schlicht: Um in den Vorstand zu kommen, spielt die Qualifikation überhaupt keine Rolle", heißt es da, oder: „Qualifikation ist schön und gut, und Leistung auch – aber das ist nicht alles. Nach meiner Erfahrung ist das weniger als ein Drittel. Viel entscheidender ist, wie sie mit dem Laden kooperieren. In einer Firma können sie der riesige Durchstarter sein und der riesige Leistungsbringer; wenn sie Blindleistung erzeugen, ist das sehr schön, aber es nutzt niemandem." Während ich noch darüber nachgrübele, was nutzlose „Blindleistung" sein könnte, stolpere ich schon über die nächsten Aussagen, die gleich erklären, warum eine Frau in dieser Männerwelt auffällt wie eine Rose auf dem Misthaufen: „Dieses Männliche ‚Wir sind hart, wir sind Kameraden und wenn wir umfallen, dann macht uns das nur noch härter'. In dieser Welt des Erfolgs ‚Ja, press mal mehr aus deinen Jungs raus!', und diese ganzen Sprüche, die sind ja für Frauen deplatziert", heißt es da etwas holprig, und: „Sie [eine Frau im Vorstand] stört die Kreise. Sorry. Sie kommunizieren anders. Man kann es ganz platt ausdrücken: Sie können nicht mehr so viele dreckige Witze machen. Nicht die Fachkompetenz wird angezweifelt, darum geht es gar nicht. Es geht einzig und alleine darum, sie stört die Kreise, die Zirkel der Männer." Alles läuft am Ende auf ein simples Fazit hinaus: „Die Hauptbedingung für Vorstände im Regelfall ist, keine Frau zu sein." [2]

Ich fasse zusammen: Ehe man sich eine Frau ins Haus holt, die womöglich Blindleistung erzeugt und bei zotigen Witzen stört, bleibt man lieber unter sich. Das lässt doch hoffen für den Wirtschaftsstandort Deutschland! Wohlgemerkt: Ich habe mir das nicht ausgedacht. Die O-Töne sind in einer ministeriellen Publikation nachzulesen. Bedauerlicherweise hat die Politik den Herren 2016 einen ersten Strich durch die Rechnung gemacht, als sie für Aufsichtsräte börsennotierter Unternehmen, in denen Anteilseigner und Arbeitnehmervertreter gleich viele Sitze belegen, eine verbindliche Frauenquote von 30 Prozent beschloss. Bei der Neubesetzung von Positionen müssen seitdem solange Frauen gewählt werden, bis diese Marke erreicht ist. Wird keine Frau gefunden, bleibt der Posten unbesetzt („leerer Stuhl").[3] Die Quote wirkt: Am Stichtag 1. September 2019 waren 31,5 Prozent der Aufsichtsratsmitglieder in 160 börsennotierten Unternehmen weiblich.[4] Offenbar ließen sich viele Dutzend qualifizierte Frauen finden, sobald man ernsthaft nach ihnen Ausschau hielt – entgegen allen Unkenrufen vor Quoteneinführung. Was sich nicht erfüllte, war die Hoffnung, mit mehr Frauenpower in den Aufsichtsräten würden zeitnah mehr weibliche Vorstände in die Unternehmen Einzug halten; ganz im Gegenteil: Das *Deutsche Institut für Wirtschaftsforschung (DIW)* stellte fest, dass der Anteil der Vorständinnen in Unternehmen *ohne* Aufsichtsratsquote 2018 mit knapp 10 Prozent stärker zunahm als in Unternehmen mit Aufsichtsratsquote (knapp 8 Prozent).[5] Am 1. September 2019 waren insgesamt nur 9,3 Prozent der Vorstände börsennotierter Unternehmen Frauen.[6] Das lässt zwei mögliche Schlussfolgerungen zu:

1. Frauen in den Aufsichtsräten setzen sich nicht (zumindest nicht unmittelbar) stärker für Frauen im Vorstand ein. Möglicherweise wollen sie nicht anecken, da sie als ungewohnte „Fremdkörper" in den Gremien ohnehin unter besonderer Beobachtung stehen.
2. Unternehmen glauben, mit der Aufsichtsratsquote ihre Pflicht erfüllt zu haben, und ruhen sich erst einmal auf ihren Lorbeeren aus. Sie sind vielfach nicht wirklich überzeugt vom Mehrwert von Diversity, sondern betreiben „Social Washing": Sie weichen nur so weit von traditionellen Positionen ab, wie unbedingt nötig, ohne gegen Gesetze zu verstoßen oder das eigene Image zu beschädigen. Es wäre dann kein Zufall, dass ziemlich exakt die vorgeschriebenen „30 Prozent Frauen" erreicht wurden und nicht etwa 35, 37 oder gar mehr Prozentpunkte.

Die erste Hypothese wird von der *AllBright Stiftung* gestützt, die prüfte, welche Funktionen Aufsichtsrätinnen in dem Gremium wahrnehmen. Das Ergebnis: „In den für die Besetzung der Vorstände zuständigen Ausschüssen liegt der Frauenanteil zurzeit bei nur 16,8 Prozent, und 52 Prozent dieser Ausschüsse sind ausschließlich mit Männern besetzt."[7] So schnell lassen sich die Männer ihre gut eingespielten Seilschaften offenbar nicht kappen, und zumindest von den operativen Schalthebeln möchte man die Frauen doch lieber fernhalten. Dazu passt, dass die Zahl der Unternehmen, die sich für ihre Vorstände die „Zielgröße Null" beim Frauenanteil verordnet hatten, im Laufe des Jahres 2019 sogar um zehn Prozent gestiegen war (von 53 auf 58 Organisationen).[8] Und um Ihnen auch hier die letzten Illusionen zu rauben, einige Zitate aus den Geschäftsberichten der Unternehmen, die auf der Topebene bewusst ohne Frauen auskommen:

- „Die Fielmann Aktiengesellschaft entscheidet bei der Besetzung von Vorstandspositionen stets nach bester Qualifikation und Eignung zum Wohle des Unternehmens. Wir sind mit der aktuellen Besetzung gut aufgestellt. (…) Fielmann ist ein modernes Unternehmen. Unser Frauenanteil beträgt in Deutschland über 70 Prozent."
- „Hintergrund dieser Entscheidung [Zielgröße Null] ist, dass bisher noch keine Frauen im Unternehmen identifiziert werden konnten, die in diesem Zeitraum die hohen Anforderungen für die Besetzung eine Vorstandsposition in unserer Gesellschaft erfüllen würden." (Heidelberg Cement)
- „Nach § 11 (Abs. 5) Aktiengesetz legte der Aufsichtsrat eine Zielgröße für den Frauenanteil im Vorstand der Krones AG von 0 % fest. Grund hierfür war, dass der Aufsichtsrat bislang keine geeignete Kandidatin für den Vorstand finden konnte und davon ausgeht, dass dies auch in naher Zukunft schwierig bleibt."[9]

Cornelia Edding, die für die Bertelsmann Stiftung in einer qualitativen Studie zum Thema „Vielfalt ins Topmanagement" zwölf Männer und 14 Frauen aus den Vorständen von 13 Unternehmen ausführlich befragte, diktierte ein Vorstand unverblümt ins Mikro: „Und die Frauenquote – wir machen das, ja, aber eigentlich will ich es nicht. Wenn wir es nur über die Scheißquote machen, dann sagen wir: Gut, wir haben die Quote erreicht, aber ohne jede Überzeugung, es hat sich kulturell, fundamental nichts geändert. Dann bringt es nichts."[10]

Man sollte sich also keine Illusionen darüber machen, dass nur wenige Männer und wenige Unternehmen Frauen auf der Topetage tatsächlich begrüßen, allen frauenfreundlichen Lippenbekenntnissen zum Trotz. Wer oben angekommen ist, hat Durchsetzungsvermögen bewiesen und verfügt über ein großes Ego, und beim Marsch an die Spitze zahlen sich nicht nur positive Eigenschaften aus. In der Psychologie wird seit einigen Jahren das Konzept der „Dunklen Triade" diskutiert, das erstmals 2002 von zwei kanadischen Wissenschaftlern formuliert wurde.[11] Die Dunkle Triade ist die Kombination dreier Persönlichkeitseigenschaften:

- Narzissmus (Selbstbezogenheit und Selbstüberhöhung, Gier nach Bewunderung, Empfindlichkeit gegenüber Kritik)
- Machiavellismus (Machtorientierung, Durchsetzungsstärke, manipulatives Verhalten, Fehlen von Mitgefühl)
- Subklinische Psychopathie (Empathielosigkeit, Impulsivität, Risikofreude)

Wie viele CEOs kommen Ihnen in den Sinn, wenn Sie das lesen? Vielleicht denken Sie an Thomas Middelhoff und seinen spektakulären Absturz, an Martin Winterkorn, dessen Führungsstil der *Spiegel* einmal als „Nordkorea minus Arbeitslager" beschrieb[12], oder auch an Uli Hoeneß, der in Talkshows als moralische Instanz auftrat, ungeachtet eigener Steuerhinterziehung in zweistelliger Millionenhöhe. Extremfälle, sicherlich. Alle Menschen weisen bis zu einem gewissen Grad die beschriebenen

Persönlichkeitsmerkmale auf, doch im Topmanagement steigt statistisch gesehen deren Ausprägung. Rüdiger Hossiep, Wirtschafts- und Personalpsychologe sowie Experte für Eignungsdiagnostik, formuliert es so: „Menschen mit Zügen der Dunklen Triade haben Eigenschaften, die in Führungspositionen gefordert sind. Sie sind intelligent und angstfrei, physisch und psychisch äußerst robust, sie haben Charme und ein gutes Gespür für die Stärken, aber auch die Schwächen von anderen. Das erleichtert ihnen den Aufstieg ungemein."[13] Andere Wissenschaftler schätzen, dass etwa zwei Prozent der Bevölkerung eine psychopathische Störung aufweisen, während es in den Führungsetagen sechs bis zehn Prozent sein sollen. Als ausgeprägte Narzissten gelten rund vier Prozent, in Machtpositionen wird ihr Anteil auf zwölf bis 15 Prozent geschätzt.[14] Man ist hier auf Schätzungen zu einzelnen Persönlichkeitsdimensionen angewiesen: Eignungsdiagnostische Instrumente, die die Dunkle Triade erheben, gibt es erst seit Kurzem, und ihre Anwendung im beruflichen Kontext wäre ohnehin problematisch, weil dies gegen das Persönlichkeitsrecht verstoßen würde.[15] Außerdem haben wir die paradoxe Situation, dass Aspiranten für die Einstiegs- und die mittleren Positionen der Unternehmen vielfach auf Herz und Nieren geprüft und in aufwendigen Testverfahren durchleuchtet werden, während man sich in den Topetagen solchen Aufwand spart und sich auf Erfolgsbilanzen, Kontakte und den persönlichen Augenschein verlässt – nach dem Motto: Wer es so weit geschafft hat, hat seine Eignung schon qua natürlicher Selektion im Karriereverlauf bewiesen. Die Frage ist nur: Welche Eigenschaften belohnt der Selektionsprozess in Unternehmen? Die Karriereerlebnisse von Topmanagerinnen, die im Abschnitt „Karrierealltag" geschildert werden, hinterlassen sehr zwiespältige Gefühle. Manch eine „starke Persönlichkeit" glänzt eher durch Egozentrik und Skrupellosigkeit als durch Charakterstärke und Stehvermögen.

Damit wir uns nicht missverstehen: Wer ein Unternehmen führen will, braucht ein robustes Nervenkostüm und darf harte Entscheidungen nicht scheuen, das weiß ich aus meiner eigenen Zeit als Entrepreneurin.

Mutter-Teresa-Mentalität wäre da fehl am Platz. Gleichzeitig sollte frau sich jedoch keine Illusionen machen, dass machtorientierte Menschen, die sich bis an die Spitze durchgekämpft haben, nicht plötzlich zu empathischen Führungskollegen mutieren, nur weil sie öffentlich die weibliche Verstärkung begrüßen. Genauso unberechtigt ist die Hoffnung, sich selbst aus Machtspielen, taktischen Schachzügen und Demonstrationen persönlicher Härte heraushalten zu können. „Das System verzeiht keine Schwäche", sagt der Psychotherapeut Christian Dogs, der weit über 100 Topmanager behandelt hat. Aus seiner Sicht sind „Verhärtung" und „Verdrängung" für eine Spitzenposition unabdingbar.[16] Die eigentliche Herausforderung beim Griff nach der Macht wäre dann neben dem Umgang mit einem machtorientierten Umfeld und der Durchsetzung eigener Ziele ein Drittes: seine Psyche in einer gesunden Balance zu halten.

Überhaupt: Frauen und Macht. Wie gefällt Ihnen der Gedanke, eine machtvolle Person zu sein? Meiner Erfahrung nach entschuldigen Frauen sich fast reflexartig, sobald man sie als mächtig bezeichnet. Manuela Rousseau, langjährige Aufsichtsrätin bei Beiersdorf, kommt zu dem Schluss: „Männer haben Angst vor Machtverlust und Frauen haben Angst davor, Macht zu übernehmen."[17] Warum ist das so? Geht man von der klassischen Machtdefinition von Max Weber aus – „Macht bedeutet jede Chance, innerhalb einer sozialen Beziehung den eigenen Willen auch gegen Widerstreben durchzusetzen, gleichviel worauf diese Chance beruht"[18], wird schnell deutlich, dass explizite Formen der Machtausübung dem weiblichen Rollenstereotyp krass widersprechen. Anderen zu sagen, wo es langgeht, ist in unserer Kultur überwiegend männlich besetzt. Machtvolle Persönlichkeiten treten aus der Gemeinschaft der Gleichen hervor, sie exponieren sich, gehen damit ein Risiko ein und können tief fallen. Wer anderen seinen Willen diktieren kann, macht sich überdies häufig unbeliebt. Er oder sie muss mit heimlichem Groll und offener Abwehr rechnen, sobald Interessenkonflikte entstehen. Können Sie sich eine Frau vorstellen, die ähnlich unverblümt wie Donald Trump den eigenen Machtanspruch vor sich herträgt und sogar empfiehlt, dem anderen Geschlecht in den Schritt zu greifen – ohne damit auf immer und ewig ins Abseits zu geraten?

Beim letzten großen Karriereschritt, dem Schritt auf die Bühne des Topmanagements, kommen Frauen daher nicht umhin, ihr Verhältnis zur Macht zu klären und sich mit ihrem Machtanspruch zu versöhnen. Das kann man als „Einfluss" oder auch als „Gestaltungsmöglichkeit" verbrämen, doch am Ende des Tages geht es darum, bereit zu sein, frei nach Max Weber die eigenen Vorstellungen auch gegen Widerstand durchzusetzen. „Allein unter Memmen" überschrieb das *Manager Magazin* im Januar 2020 dazu passend ein Porträt von Martina Merz, die im Oktober zuvor zur Vorstandschefin des angeschlagenen Thyssenkrupp-Konzerns bestellt worden war.[19] Während die Presse pubertäre Vokabeln bemühte, beanspruchte Ex-Aufsichtsratsvorsitzende Merz ihren Posten mit kühler Selbstverständlichkeit. Nicht „bossy", sondern einfach: der Boss. Beyoncé wäre begeistert, denn von ihr ist eben diese Klarstellung überliefert: „Ich bin nicht ‚bossy'. Ich bin der Boss."

EXOTINNEN-MALUS: DAS LEBEN DER „ONLYS"

Stellen Sie sich ein Führungsmeeting vor, an dem sieben Frauen und ein Mann teilnehmen. Der Mann schlägt konkrete Maßnahmen zur Erhöhung des Männeranteils im Unternehmen und zur besseren Sichtbarkeit von Männern auf Unternehmensbühnen vor. Die Frauenrunde reagiert mit verächtlichem Grinsen und geringschätzigen Kommentaren: „Mehr Männer?? Dann geht es hier zukünftig wohl um Fußball und dicke Autos!" oder „Ach Gott, dann müssen wir uns auch noch mit der Midlife Crisis der Herren auseinandersetzen …" „Ja genau, mit Haarwuchsmitteln und Zweitfamilien, haha!" Der Mann ist zunächst sprachlos. Als er sich am nächsten Tag bei seinem Vorgesetzten beschwert, heißt es, er müsse da „was falsch verstanden haben". Auch anwesende Kollegen „können sich nicht erinnern", dass solche Sprüche gefallen sind.

Grotesk? Allerdings. Nur dass derartige Vorfälle mit umgekehrter Geschlechterverteilung Normalität sind. Ersetzen Sie „Midlife Crisis" durch „PMS", „Haarwuchsmittel" durch „Beine rasieren", „Fußball" durch „Yoga" und „Zweitfamilie" durch „Kinderkrankheiten" – und Sie haben eine Situation, wie sie viele Kolleginnen kennen. Ich selbst habe Ähnliches erlebt, inklusive der kollektiven Amnesie der Herrenrunde. Bestenfalls bekommt frau hinterher zu hören, sie solle doch nicht so „humorlos" (empfindlich, zickig …) sein. Aber meist schützt die unausgesprochene Einigkeit der Männerfraktion die Sprücheklopfer vor Konsequenzen und der Vorfall wird einfach totgeschwiegen. Das ist nur eine negative Folge der Vereinzelung, für die sich im angelsächsischen Sprachraum der Begriff der „Onlys" eingebürgert hat: Keine Zeugin heißt keine Unterstützung. Auf diese Weise ist die einzige Frau womöglich weiter ungestraft verbalen Aggressionen und Machtdemonstrationen ausgesetzt. Denn um solche geht es hier, um Versuche des Kleinhaltens und In-die-Schranken-weisens, nicht etwa um harmlose Scherze. Wer das für übertrieben hält, lese noch einmal den ersten Absatz und frage sich, ob er das für Humor hält und als Betroffener selbst herzlich mitgelacht hätte.

In ihrem Report „Women in the Workplace 2018" gingen *McKinsey & Company* und *Lean In* unter anderem der Situation der Onlys auf den Grund. Auch wenn die Studie – eine groß angelegte Erhebung in 279 Unternehmen – sich auf den US-Markt beschränkt, gibt es keinen Anlass zur Annahme, dass die Schwierigkeiten hierzulande geringer ausfallen. Die Studienautoren beschreiben die Lage von „Onlys" als „significantly worse" im Vergleich zu stärker repräsentierten Gruppen. Weibliche Onlys seien häufiger verbalen Mikroaggressionen ausgesetzt als Frauen generell (80 gegenüber 64 Prozent); ihre Kompetenz werde häufiger infrage gestellt (51 gegenüber 24 Prozent); sie würden fast doppelt so häufig sexuell belästigt wie Frauen, die nicht als einzige in einer Männergruppe seien. Vor diesem Hintergrund ist es nicht verwunderlich, dass Frauen auf Senior Level häufiger von sexueller Belästigung berichten (55 Prozent Betroffene) als der Durchschnitt der Frauen in den US-Unternehmen (35 Prozent Betroffene): Auf Senior Level gibt es vermutlich einfach mehr Onlys.[20] Eine traurige Wahrheit ist also: Die höhere Position ist kein Schutz vor Übergriffen (vgl. auch den folgenden Abschnitt „Karrierealltag"). Es hört nicht auf.

Generell gilt: Wer „anders" ist und allein, wird schnell zum Außenseiter, zur Außenseiterin, ob durch Geschlecht, Hautfarbe, sexuelle Orientierung oder ein körperliches Handicap. Er oder sie wird häufig in Haftung genommen für (s)eine tatsächliche oder vermeintliche soziale Gruppe. Dann steht der türkische Gemüsehändler um die Ecke für „die Türken" und soll die aktuelle Politik in der Türkei erklären; der einzige Anwesende jüdischen Glaubens wird permanent auf die Handlungen Israels angesprochen, obwohl er dort weder geboren noch zu Hause ist, und die einzige Frau im Management wird als Beleg dafür betrachtet, was „Frauen" allgemein können oder nicht können. Scheitert ein Mann auf dieser Ebene, scheitert er als Individuum. Scheitert eine Frau, scheitert sie als Frau. Vor diesem Hintergrund ist es bedenklich, wenn Frauen zwar allmählich in höhere Position aufrücken, sich dort aber vielfach allein einer Gruppe von Männern gegenübersehen. Philip Missler von *Pinterest* kritisiert zu Recht, in Europa begegne man in der Führungsetage noch viel zu oft dem „Gruppenbild mit Dame". Tina Müller von Douglas sieht das ähnlich: „In den letzten Jahren ist auf der Führungsebene in Deutschland zu wenig passiert. Als weibliche CEO bin ich noch immer eine Seltenheit."[21]

Es ist daher stark übertrieben, wenn das *Manager Magazin* im Januar 2020 wieder einmal „das Jahr der Frauen" ausruft, um dann zu bejubeln, in Deutschland gäbe es inzwischen sogar zwei weibliche CEOs in DAX-Unternehmen: Jennifer Morgan als Co-Chefin bei *SAP* und Martina Merz als Interims-CEO bei *Thyssenkrupp* – ganze zwei, und beide noch dazu in einer Sonderrolle. Und selbst diese Sonderrolle währte im Falle Jennifer Morgans nur ein halbes Jahr. Vereinfacht gesagt: Solange man über Frauen in Toppositionen noch überwiegend deswegen berichtet, weil sie Frauen sind, sind wir von Gendergerechtigkeit noch weit entfernt. Erst wenn Managerinnen in solchen Funktionen so normal sind, dass sich die Außenwahrnehmung auf ihre persönlichen Meriten (oder auch Fehlschläge) unabhängig von ihrem Geschlecht konzentriert, ist das Ziel erreicht. Minimal-Diversity in dem Sinne „Wir haben jetzt auch eine Frau dabei" bringt wenig. Sie rückt die betreffende Frau unweigerlich in eine undankbare Außenseiterinnenposition und verhindert echte Inklusion, also wertschätzende Einbeziehung ohne den Makel des „Anderen" oder „Fremden". Sie führt weiterhin dazu, dass die Betreffende unnötig Energie in die Rechtfertigung ihres Dabeiseins und in die Überwindung von Rollenklischees investieren muss. Für Diversität und Inklusion braucht es Multis, nicht Onlys! Dann verschwindet auch das Gefühl der Fremdheit, das sich unweigerlich einstellt, wenn man/frau von lauter anderen umgeben ist. „Ich kann jetzt verstehen, wie sich ein Farbiger unter lauter Weißen fühlen muss", sagte eine Managerin aus meinem Netzwerk, nachdem sie in den Vorstand eines mittelständischen Maschinenbauers aufgerückt war.

Bislang gibt es auf Topebene noch eine Menge weibliche Onlys. Zum Stichtag 1. Januar 2020 arbeiteten in den Vorständen der insgesamt 160 börsennotierten Unternehmen (Dax, MDax und SDax) 64 Frauen und rund zehn Mal so viele Männer (exakt 633). Zwei Drittel der Vorstandsgremien kamen zu diesem Zeitpunkt ganz ohne Frauen aus, hat das Beratungsunternehmen *EY (Ernst & Young)* ermittelt.[22] Im September 2019 zählte die *AllBright Stiftung*, dass lediglich in 17 Prozent der Dax-Unternehmen zwei Frauen im Vorstand waren. Beim Frauenanteil der führenden Unternehmen (Dax 30 und entsprechend) liegt Deutschland im Vergleich zu Frankreich, Großbritannien, Polen, Schweden und den USA knapp vor Polen auf dem vorletzten Platz und ist zugleich „das einzige Land, in dem kein einziges der Großunternehmen einen Frauenanteil von 30 Prozent im Vorstand erreicht" – jener magischen Schwelle, ab der Soziologen zufolge Besonderheit in Normalität übergeht. Schreibt man das aktuelle Veränderungstempo fort, würde es noch 22 Jahre dauern, bis 40 Prozent aller Vorstandsposten in Deutschland mit Frauen besetzt sind, so die *AllBright*-Hochrechnung. Das heißt, die Töchter der heutigen Karrieregeneration hätten möglicherweise annähernd gute Chancen wie ihre Brüder. In den nächsten fünf bis zehn Jahren würde sich für ambitionierte Frauen allerdings wenig verbessern.[23] ▮

KARRIEREALLTAG: GESCHICHTEN AUS DEM WIRKLICHEN LEBEN

Glaubt man Ex-Vorständin Wiebke Köhler, regiert im Topmanagement „das Prinzip Intrige", und wer sich in ein solches Haifischbecken begibt, tut gut daran, ständig auf der Hut zu sein: „Intriganten gibt es überall! (…) Sie haben ihre eigenen, verqueren Ziele. (…) Finden Sie möglichst schnell heraus, welche Ziele das sind und ob Sie Ihnen im Wege stehen. (…) wehren Sie sich!"[24] Offen über Machtspiele und Intrigen geredet wird allerdings nicht – von den Tätern ohnehin nicht, aber auch die Opfer halten sich bedeckt.

„DAS GLAUBT MIR KEINER!" – LEIDEN UND SCHWEIGEN

In der Recherche für dieses Kapitel bat ich Frauen, die es ganz nach oben geschafft haben, um Erfahrungsberichte, mit welchen Attacken und fiesen Tricks sie konfrontiert wurden. Das Ergebnis: mehr als ein Dutzend Anrufe mit dem Tenor „Ich könnte Dinge erzählen, das glaubt mir keiner. Aber das ist mir zu heikel. Ich bitte um Verständnis!" Bei näherer Überlegung fällt es schwer, diese Verschwiegenheit zu kritisieren. Sie ist letzten Endes nur professionell – wer sich auf dieser Ebene öffentlich zu einer Opferrolle bekennt, untergräbt sein Standing und verbaut sich womöglich zukünftige Karrierechancen.

Dass Machtpoker auf dem Toplevel ganz normal ist, ergibt sich schlicht aus der Konkurrenzsituation. Je höher man steigt, desto überschaubarer wird die Zahl der zu verteilenden Positionen und desto größer ist die Zahl derjenigen, die gerne auf dem eigenen Stuhl säßen. Wenn es nichts zu gewinnen gibt, sinkt auch die Neigung zur Intrige, und je begehrter eine Position ist, desto härter sind offenbar die Bandagen, mit denen gekämpft wird. Ulrich Dehner, Wirtschaftspsychologe und Coach, schätzt, dass vor allem in großen Unternehmen 40 bis 50 Prozent der Energie von Managern in Machtspiele investiert werden.[25] Ich kenne Manager, die auf diese Schätzung erstaunt zurückfragen: „Mehr nicht?!" Der frühere *EnBW*-Chef Utz Claassen gab zu: „Mit jeder Hierarchiestufe verbringen Sie tendenziell mehr Zeit mit sachfremden Dingen, illegitimen Einwirkungen Dritter und Abwehr von Intrigen." Und der CSU-Politiker Erwin Huber warnte: „Wer in einer Führungsposition ist, muss ständig seinen Radar eingeschaltet haben, er muss definieren, woher die Attacken kommen oder wo sich fremdes Feuer entzündet" – eine verräterische Kriegsmetaphorik.[26]

Tendenziell sind die Machtkämpfe in unübersichtlichen Großorganisationen verbreiteter als im Mittelstand, wo Ergebnisorientierung und Eigenverantwortung stärker eingefordert und Erfolge und Misserfolge direkter zugerechnet werden. Aber das ist, wie gesagt, nur eine Tendenz. „Dank eines einzigen machtbewussten Menschen hat sich ein gut funktionierendes Team innerhalb von Monaten in ein Haifischbecken verwandelt", berichtet Ulrich Dehner über den Wechsel eines Vorstandsvorsitzenden, von dem er als Vorstandsmitglied betroffen war.[27] Wie die Erkenntnisse zur „Dunklen Triade" destruktiver Persönlichkeitseigenschaften und ihrer Verbreitung auf den Chefetagen weiter oben illustrierten, sind solche Wendungen jederzeit möglich, wenn ein Unternehmen auf die Falschen setzt. Natürlich sind nicht nur Frauen davon betroffen, jeder kann zum Ziel werden. Allerdings besteht die Gefahr, dass Frauen zu bevorzugten Opfern werden, nicht zuletzt, weil immer noch genügend Managementkollegen nichts von Frauen an den Schalthebeln der Macht halten und sie als unwillkommene Konkurrenz betrachten. Christoph Zeiss, laut *Manager Magazin* „einer der profiliertesten Headhunter" in Deutschland, schätzt, dass nur 30 Prozent der Aufsichtsräte „echtes Interesse" an Frauen auf Toplevel haben. 20 Prozent sagten, die Frauenfrage „nerve", die restlichen gäbe an, nur Leistung zähle.[28] Frauen sind außerdem gefährdeter, weil etliche von ihnen als „Onlys" von mancher selbstverständlichen männlichen Kumpanei ausgeschlossen sind. Und schließlich könnte auch ihre Neigung, sachorientiert zu handeln und sachlich zu argumentieren, den Managerinnen zum Nachteil gereichen. Denn damit besteht die Gefahr, Platzhirschen in die Quere zu kommen, mit sachlich berechtigten, machttaktisch aber heiklen Vorstößen. Machtbewusste Menschen behalten sorgfältig im Auge, wer welchen Rückhalt besitzt. Sie exponieren sich nicht unnötig mit einer Meinung, die sie angreifbar machen könnte. Sie gehen nur in eine Auseinandersetzung, wenn sie einigermaßen zuversichtlich sind, als Sieger daraus hervorzugehen. Sie schmieden vorab Bündnisse und achten darauf, noch mächtigere Mitspieler niemals schlecht aussehen oder gar „verlieren" zu lassen – und dadurch Rachegelüste heraufzubeschwören. Intrigante Menschen gehen noch weiter. Zum Repertoire der Intrige gehören gezielte Indiskretionen, das Streuen von Gerüchten, bewusste Falschinformationen, die Instrumentalisierung von anderen für eigene Zwecke, irreführende Schmeicheleien und vieles mehr. Es lohnt sich fast immer die Frage: Warum erzählt wer mir was zu welchem Zweck? Und das gilt nicht nur für Vorstandskollegen, sondern auch für die eigenen Mitarbeiterinnen und Mitarbeiter.

ES HÖRT NICHT AUF! – TOPKARRIERE ALS MARATHON

Viele Frauen haben sich müde gekämpft, bis sie die entscheidende Schwelle zur Unternehmensspitze erreicht haben, weil sie jahrelang beweisen mussten, dass sie auch „als Frau" den jeweiligen Herausforderungen gewachsen sind. Frauen brauchen im Unternehmen in der Regel mehr Energie für Nebenkriegsschauplätze als ihre männlichen Kollegen und schultern häufig noch den Großteil der familiären Pflichten. Ich beobachte zum Teil großen Frust, weil der Kampf im Job „nie aufhört". Im persönlichen

Gespräch berichten Managerinnen von einer Desillusionierung darüber, dass es auch weiter oben nicht leichter wird und dass der erhoffte größere Gestaltungsspielraum sich als enges Korsett von Abhängigkeiten, Machtspielen und öffentlichem Druck entpuppt. Und auch die Anzüglichkeiten, fiesen Sprüche und durchsichtigen Versuche, Kolleginnen aufgrund ihres Geschlechts einzuschüchtern, bleiben, wie schon angedeutet, leider nicht aus. Nicht nur Jobeinsteigerinnen in einer vermeintlich schwachen Position sind Sprüchen und Verhaltensweisen ausgesetzt, die sprachlos machen. Hier einige Kostproben aus meinem Netzwerk:

- „Was wollen Sie denn noch? Sie haben doch Haus, Mann und Kind. Reicht Ihnen das nicht?"
- „Dein Mann muss ja auch ein Weichei sein, wenn er so eine Frau wie dich an der Seite hat, die so karrieregeil ist."
- „Darüber können wir jetzt nicht reden, es sind Frauen anwesend."
- „Mit Frauenthemen kennen wir uns nicht aus, das ist nicht unsere Expertise. Wir konzentrieren uns auf richtige Themen."
- „Lächle doch mal, das passt besser zu dir!"
- Kommentare zu einem Female Leadership Workshop, den eine Führungsfrau im Rahmen einer Trainingswoche für sämtliche EU-Märkte für junge Talente organisiert: „Was ist das für ein Benachteiligten-Förderprogramm?" und „Was lernen die Frauen dort – Autofahren?"

Und, zum krönenden Abschluss, die Geschichte vom Ex-Kollegen, der einer Frau, die statt seiner in die Geschäftsführung eines mittelständischen Unternehmens befördert wurde, im Fahrstuhl an den Po greift und sagt: „Mit so einem Gerät hätte ich es auch in die Geschäftsführung geschafft!" Fast immer erfolgt ein solcher Übergriff in einer Situation, in der er nicht nachweisbar ist. Und selbst wenn 90 Prozent aller Männer sich niemals so verhalten würden: Es gibt offenbar genügend, die nicht vor sexistischen Sprüchen und Handgreiflichkeiten zurückschrecken.

Frauen tun gut daran, damit zu rechnen, und sich sofort und energisch zur Wehr zu setzen – auch auf Topebene. Meine nicht repräsentative Umfrage ist leider keine Negativauswahl, sie skizziert den Alltag. Im August 2019 sammelte die *Zeit* unter der Überschrift „Was Frauen im Job erleben" knapp 1.500 persönliche Erfahrungsberichte geschlechtsspezifischer Diffamierungen und Belästigungen – vom Unternehmensberater, der zur Erheiterung des Saales verkündet, dass er die vortragende Kollegin „gern mal übers Knie legen würde", über den Chef, der einer Angestellten unverblümt verkündet, „Beförderung gibt's bei mir nur gegen sexuelle Gefälligkeiten", bis zum Kunden, der zur leitenden Angestellten im Maschinenbau unter dem Gelächter ihrer Kollegen sagt: „Ach … Sie verstehen das wahrscheinlich nicht, oder? Ja. Das macht nichts, wenn eine Frau ein Kugellager nicht versteht. Das ist ja auch nicht rosa, gell?" Das Fazit der Redakteure: Es zeige sich, „dass etwas grundsätzlich schiefläuft in der Wirtschaft, und zwar in allen Branchen, auf allen Positionen."[29] Ein Grund mehr, aktiv daran zu arbeiten, dass Frau in größerer Zahl in die Führungsetagen Einzug halten. Das gilt für die Unternehmen, aber auch für die Frauen selbst. ▍

WELCHES VERHALTEN SICH IM TOPMANAGEMENT BEWÄHRT

Auch wer schon 15 oder 20 Jahre im Business ist und daher mit vielen Wassern gewaschen, stellt unweigerlich fest: Auf dem Olymp der Wirtschaft gelten noch einmal andere Gesetze. An der Spitze eines Unternehmens ist man für alle sichtbar, und diese Sichtbarkeit reicht umso weiter, je größer eine Organisation ist. Neben einem machtpolitisch versierten Umfeld und der gewachsenen strategischen Verantwortung ist diese öffentliche Wirkung ein zentraler Faktor der neuen Rolle in einer Geschäftsführung, im Vorstand oder im Aufsichtsrat.

MACHTBEWUSST, SOUVERÄN, DIPLOMATISCH

1. Sich ans öffentliche Parkett gewöhnen

Mit dem Aufstieg ins Topmanagement tritt man zugleich ins öffentliche Rampenlicht. Aktionäre, Investoren, Journalisten, Kunden und natürlich auch die Angehörigen der eigenen Organisation registrieren aufmerksam, was man tut und sagt. Das birgt Gestaltungsmöglichkeiten, aber auch Gefahren. Mit einem einzigen Satz fast eine Milliarde versenken? Wer mächtig genug ist, dem gelingt auch das. 925 Millionen zahlte die *Deutsche Bank* 2011 an die Erben des inzwischen verstorbenen Medienunternehmers Leo Kirch, rund neun Jahre, nachdem der damalige CEO des Bankhauses, Rolf Breuer, in einem Interview mit dem TV-Sender Bloomberg Kirchs Situation so kommentiert hatte: „Was alles man darüber lesen und hören kann, ist ja, dass der Finanzsektor nicht bereit ist, auf unveränderter Basis noch weitere Fremd- oder gar Eigenmittel zur Verfügung zu stellen." Wenige Monate später musste Leo Kirch Insolvenz anmelden und verklagte die *Deutsche Bank* auf Schadensersatz, weil er die Breuer-Äußerung dafür mitverantwortlich machte.[30] Ein Extrembeispiel, sicherlich. Doch auch andere Unternehmenschefs treten gelegentlich in ziemlich große Fettnäpfe. *Tesla*-Chef Elon Musk sorgte 2018 mit einem Tweet für Schlagzeilen, in dem er ankündigte, er wolle die *Tesla*-Aktien zu einem Kurs von 420 US-Dollar zurückkaufen. Wenig später ruderte er zurück. Investoren unterstellten Kursmanipulation und klagten, die US-Börsenaufsicht wurde aktiv, am Ende mussten Musk selbst und *Tesla* je 20 Millionen Dollar Schadensersatz zahlen.[31] Und ein letztes Beispiel: Im Januar 2020 beschädigte *Siemens*-Chef Jo Kaeser sein eigenes Image und das des Unternehmens durch eine verunglückte PR-Aktion, in der er der *Fridays for Future*-Aktivistin Luisa Neubauer einen Sitz im *Siemens-Aufsichtsrat* anbot – oder doch nur in einem untergeordneten Gremium, wie er später verlauten ließ? Neubauer lehnte ab, *Siemens* war tagelang in den Schlagzeilen und damit auch das von den Aktivisten kritisierte *Siemens*-Projekt (die Lieferung der Bahntechnik für eine umstrittene Kohle-Mine in Australien).

Für Spontaneität ist das Topmanagement ganz offensichtlich der falsche Platz. Das gilt nicht nur für börsennotierte Unternehmen, die unbedachte Äußerungen Millionen kosten können. Auch Inhaberin oder Inhaber eines mittelständischen Betriebs müssen genau überlegen, was sie dem Redakteur einer Lokalzeitung ins Mikro diktieren. Da reicht womöglich ein Nebensatz zum Lohnkostengefälle in Europa, um in der eigenen Belegschaft Ängste vor einer Verlagerung des Werks zu schüren. Oder die Pelz-Stola bei der Operngala wird zum Bumerang, wenn das Unternehmen sich werbewirksam als umweltfreundlich präsentiert, erst recht in Zeiten der Social Media und der chronischen Aufregungsbereitschaft im Netz. Auf öffentlicher Bühne tut man gut daran, sämtliche Äußerungen und Verhaltensweisen vom Ende her, im Hinblick auf ihre mögliche Wirkung und Interpretationsanfälligkeit, zu denken. Eine Aufgabe im Topmanagement ist auch ein hochpolitischer Job, und so gesehen kann man dort durchaus von klugen Politikerinnen und Politikern lernen. So gab die neue finnische Ministerpräsidentin Sanna Marin Anfang 2020 im *Spiegel*-Interview bereitwillig Auskunft über ihren Weg an die Spitze, die finnische Mentalität und ihre Klimavorhaben. Als der *Spiegel* jedoch fragte, wie ihre Klimapolitik sich damit vertrüge, dass das in finnischem Besitz befindliche Steinkohlekraftwerk Datteln 4 in Deutschland demnächst ans Netz gehen solle, antwortete sie sehr zurückhaltend: „Fortum und Uniper [der finnische Mutterkonzern und der Eigentümer von Datteln 4] sind unabhängige, börsennotierte Unternehmen. Die finnische Regierung hält an Fortum einen Anteil von 50,8 Prozent. Die Regierung mischt sich nicht in die operativen Entscheidungen des Fortum-Managements ein. Finnische Regierungsmitglieder kommentieren auch keine Entscheidungen von Uniper. Das Unternehmen ist in Deutschland tätig, nach den dort geltenden Gesetzen."[32]

Eine mustergültig-diplomatische Antwort, die keinerlei Rückschluss auf die persönliche Position der 34-jährigen Ministerpräsidentin zulässt, komplett aus der Rolle der Regierungschefin heraus formuliert ist und Marin vor Angriffen bewahrt. Die Rollenanforderungen im

Topmanagement sind – ähnlich wie in der Politik – anspruchsvoll und verlangen ebenfalls ein hohes Maß an Selbstkontrolle und Reflektiertheit. Dabei tritt die eigene Person noch mehr hinter der professionellen Rolle zurück als im Mittelmanagement. Ein Musterbeispiel für diese Zurückhaltung ist eine andere Politikerin: Angela Merkel. „Die Person verschwindet hinter dem Amt", schrieb der Wirtschaftspsychologe und Managementberater Rainer Niermeyer 2008 in seinem Buch „Mythos Authentizität". Akribisch weist Niermeyer nach, wie wenig man über die Privatperson Angela Merkel weiß und wie durchdacht sie sich mit ihrer schon fast uniformartigen Kleidung und ihrem nüchternen und unemotionalen Auftreten unangreifbar macht. Niermeyer zitiert den bekannten amerikanischen Soziologen und Rollentheoretiker Erving Goffman: „Je höher man (…) auf der Statuspyramide steht, desto geringer wird die Zahl der Personen, vor denen man sich familiär geben kann."[33] Das erinnert an die bekannte Erfolgsmaxime des britischen Königshauses: „Never complain, never explain" – niemals jammern und niemals etwas erklären oder sich gar rechtfertigen. Auf diese Weise halten die Mächtigen die weniger Einflussreichen auf Distanz und bewahren sich eine Aura der respekteinflößenden Unnahbarkeit.

Auch das Spiel mit den Medien hält für Frauen im Topmanagement besondere Herausforderungen bereit. Die Kommunikationsberatung Hering Schuppener, die unter anderem CEOs in Fragen der persönlichen Positionierung und Kommunikation berät, hat 2020 zu diesem Thema eine empirische Studie vorgelegt und ergänzend mit Topmanagerinnen ausführliche Interviews geführt. Die Auswertung von 850 Artikeln großer Tageszeitungen (u. a. *Frankfurter Allgemeine Zeitung*, *Süddeutsche Zeitung*, *Welt*) und Wirtschaftsmagazine (u. a. *Handelsblatt*, *Manager Magazin*, *Wirtschaftswoche*) belegt eine deutlich klischeebehaftete Berichterstattung. Das Aussehen einer Managerin nimmt ein Drittel mehr Raum ein als das eines Managers; ihr Familien-, Privat- und Liebesleben werden doppelt so häufig zum Thema gemacht wie bei Männern – was auf Kosten fachlicher Themen geht. Typische Führungseigenschaften sind bei Frauen negativ konnotiert: Durchsetzungsstärke beispielsweise ist bei Managern etwas Positives, bei Managerinnen wird sie zur „Härte" umgedeutet, beispielsweise, wenn das *Manager Magazin* über Tina Müller im Juni 2019 titelte, sie sei „Deutschlands härteste Managerin". Fränzi Kühne, Digitalunternehmerin (Gründerin von *TLGG*) und Aufsichtsrätin bei der *Freenet AG*, zählt folgende Interviewfragen als typisch auf: „Was ich für bevorstehende Aufsichtsratssitzungen in meinen Koffer packe. Welche Schuhe ich beim abendlichen Termin tragen werde. Oder ob mich Aufsichtsratskollegen mit meinem Undercut auch wirklich ernst nehmen." Man stelle sich einen Moment lang vor, ein Mann würde Ähnliches gefragt, um das Ausmaß der Lächerlichkeit solcher Erkundigungen zu ermessen. Kühne hat inzwischen eine Strategie entwickelt, mit derart trivialen Fragen umzugehen: Sie beantwortet an der eigentlichen Frage vorbei mit fachlichen Botschaften, die ihr wichtig sind. Daneben bietet sich die Rückfrage an, „Würden Sie das auch einen Mann fragen?", um Journalisten und auch Journalistinnen zu verdeutlichen, dass sie gerade einem Geschlechtsrollenstereotyp („Unconscious Bias") folgen.[34]

2. Macht verkörpern und mit Bedacht ausüben

Nicht ohne Grund ist dieses Kapitel mit „Die Erhabene" überschrieben. Gemeint ist die in sich ruhende Firmenlenkerin – eine Führungsfrau, die die engagierte Nachwuchskraft und die kämpferische Mittelmanagerin weit hinter sich gelassen hat und Distanz zu den Aufgaben und Querelen des Tagesgeschäfts wahrt. Angela Merkel verkörpert diese Unnahbarkeit perfekt und gibt auch heute, zwölf Jahre nach Niermeyers Analyse, persönlich nicht mehr von sich preis als während ihrer ersten Kanzlerinnenschaft. Pfarrerstochter, Physikerin, verheiratet mit einem Chemie-Professor, aufgewachsen in Templin, wo sie ein Ferienhaus besitzt, mag Oper und geht gerne wandern oder langlaufen – darin erschöpfen sich die veröffentlichten Informationen unter www.angela-merkel.de und www.bundeskanzlerin.de, die nicht wirklich viel über den Menschen Angela Merkel verraten. Gleichzeitig wird mit den beiden Polen „Oper" und

„Wandern" geschickt das Interessenspektrum möglicher Wählerinnen und Wähler einer Volkspartei adressiert.

Eine gute Schule für Aspirantinnen auf den CEO-Sessel und ähnliche Positionen ist die mediale Präsenz von Frauen, die es bereits dorthin geschafft haben. Ob Jennifer Morgan bei *SAP*, Martina Merz bei *Thyssenkrupp*, Janina Kugel, früher *Siemens*, oder Anja-Isabel Dotzenrath bei *RWE Renewables*, sie alle treten selbstbewusst-freundlich und zugleich distanziert auf und kontrollieren genau, was sie von sich und über das Unternehmen preisgeben. Und was nicht. Diese Art der Reserviertheit erleichtert das Leben, und sie bewährt sich auch im Umgang mit Mitarbeiterinnen und Mitarbeitern. Bernd Scheifele von *Heidelberg-Cement*, dienstältester CEO im Dax stimmte im Januar einer These des frisch gekürten *Adidas*-Chefs Kasper Rorsted zu, der gesagt hatte: „Ein Chef darf keinen Freund in der Firma haben." Scheifele selbst führte aus: „Ich bin mit keinem hier auf ‚Du', halte eine emotionale Distanz. (…) Ein CEO muss neutrale Instanz sein, da dürfen Sie keine Freunde im Unternehmen haben."[35]

Bis zu einem gewissen Grad macht Macht also tatsächlich einsam. Das ergibt sich zwangsläufig aus den mit ihr verbundenen Möglichkeiten. Wer ganz oben angekommen ist, sollte nicht erwarten, dass Menschen, auf deren berufliches Schicksal man entscheidenden Einfluss hat, einem noch unbefangen, offen und ohne Hintergedanken begegnen. Der Topmanager Daniel Goeudevert, Vorstandsvorsitzender der deutschen *Ford*-Werke und anschließend Mitglied des *VW*-Konzernvorstands, beschrieb seine Erfahrungen im Rückblick so: „Steigt man in der Hierarchie eines Unternehmens bis zum Vorsitzenden, dann befindet man sich meist auch auf der letzten Etage des Firmengebäudes. Und je weiter man aufsteigt, desto mehr verwandeln sich die Fenster in Spiegel. Auf der letzten Stufe der Hierarchie schließlich ist man nicht nur allein, sondern man hat auch keine Fenster mehr. Der Blick auf die Außenwelt ist verwehrt. Man sieht nur noch sich selbst. Auch die Mitarbeiter, mit denen man verkehrt, stellen ständig einen Spiegel auf: Gucken Sie mal Chef, Sie sind der Beste.

Selbst wenn man versucht, sie zu Widerspruch oder Dialog zu animieren, bekommt man selten eine Resonanz, die zu weiterem Nachdenken stimuliert."[36]

Die hier beschriebene Isolation macht einen geschützten Raum zum Austausch auf Augenhöhe umso nötiger und wertvoller. Was Kolleginnen und Kollegen, Mitarbeiterinnen und Mitarbeiter, Aufsichtsgremien und Vorgesetzte nicht leisten können – das vertrauensvolle, nicht durch Eigeninteressen gesteuerte Gespräch –, bieten hochkarätige Netzwerke wie z. B. *Mission Female*. Für die eigene seelische Balance sind ein gleichermaßen wertschätzendes wie offenes Feedback, gegenseitige Stärkung, professioneller Rat von Gleichgesinnten und schlicht auch die Möglichkeit, die berufliche Rüstung eine Zeit lang abzulegen, von unschätzbarem Wert. Auf offener Bühne hingegen gilt es, selbstbewusst, jederzeit souverän und strategisch klug aufzutreten. Dazu gehört auch, Situationen nicht offen emotional zu bewerten, Kritik nicht erkennbar persönlich zu nehmen und provozierende Fragen, ob von Journalisten oder Vorstandskollegen, freundlich an sich abprallen lassen. Frau muss nicht über jedes Stöckchen springen, das andere ihr hinhalten. Auch hier gibt Sanna Marin, die 34-jährige finnische Ministerpräsidentin, ein Beispiel. „Frau Marin, wie fühlt es sich an, im Zentrum der globalen Aufmerksamkeit zu stehen?", will der *Spiegel* wissen. „Um den medialen Wirbel habe ich mich nicht allzu sehr gekümmert", antwortet Marin: „Ich konzentriere mich auf meine Arbeit und die Herausforderungen, die vor uns liegen." Und auch auf Vorbilder, die man missverstehen oder kritisieren könnte, legt sie sich nicht fest: „Ich verehre keine bestimmten Personen. Ich mache Politik, weil ich an Sachfragen interessiert bin und Dinge verändern will."[37] Aus seinem Herzen eine Mördergrube machen zu können, das gehört zu machtvollem Auftreten dazu, auch wenn Frauen das möglicherweise schwerer fällt als vielen männlichen Kollegen. Doch der Preis für einen großen Gestaltungsspielraum ist zugleich, seinen Einfluss mit Bedacht auszuüben und genau zu überlegen, wofür man in den Ring steigen will. Niemand, der so weit gekommen ist, macht sich unnötig angreifbar.

Über die Mechanismen der Macht hat der Philologe und Publizist Robert Greene ein lesenswertes Buch mit zahlreichen historischen Beispielen und Belegen geschrieben. In „Power" kommt er auf insgesamt 48 „Gesetze der Macht", von denen sich viele auch in einer Vorstandssitzung bewähren dürften, zum Beispiel:

- Gesetz 1: „Stelle nie den Meister in den Schatten"
  („Ihre Vorgesetzten müssen sich Ihnen immer überlegen fühlen können.")
- Gesetz 4: „Sage immer weniger als nötig" („Je mehr Sie reden, desto durchschnittlicher und machtloser wirken Sie.")
- Gesetz 9: „Taten zählen, nicht Argumente"
  („Jeder Triumph, den Sie mit Argumenten errungen haben, ist in Wahrheit ein Pyrrhussieg (…).")
- Gesetz 18: „Baue zu deinem Schutz keine Festung – Isolation ist gefährlich" („Das Rudel schützt vor Feinden.")
- Gesetz 20: „Scheue Bindungen, wo immer es geht"
  („Nur Narren ergreifen immer gleich Partei.")
- Gesetz 30: „Alles muss ganz leicht aussehen"
  („Was Sie leisten, muss selbstverständlich und mühelos wirken.")
  Und, last but not least und wie für den Wechsel in den Vorstand geschaffen:
- Gesetz 45: „Predige notwendigen Wandel, aber ändere nie zu viel auf einmal" („Wenn Sie in eine neue Machtposition gelangt sind oder sich als Außenseiter eine Machtbasis verschaffen wollen, machen Sie viel Getue darum, dass Sie die bewährten Mittel und die eingefahrenen Wege respektieren. Sind Veränderungen notwendig, dann verkaufen Sie sie als kleine Verbesserungen des Bewährten.")[38]

3. Mit dem Risiko leben

Die ersten Vorstandsfrauen in Dax-Konzernen in den Jahren 2010 bis 2015 hatten es besonders schwer. Innerhalb weniger Jahre gab es damals in den Vorständen der Dax 30 so viele weibliche Neuzugänge wie nie zuvor – statt nur drei über fünfmal so viele. Insgesamt 17 zählte die *Frankfurter Allgemeine Sonntagszeitung*. Allerdings seien acht der Vorstandsfrauen nach nicht einmal der Hälfte der Amtszeit gegangen. Hielten Männer sich im Schnitt acht Jahre auf dem Vorstandssessel, seien es bei den Frauen nur knapp drei gewesen.[39] Über die Ursachen stritten sich die Geister. Headhunter Heiner Thorborg führte die Misere auf die Überforderung von Kandidatinnen zurück, die übereilt befördert wurden und nicht für ihre Aufgabe qualifiziert waren. Ex-Telekom-Vorstand Thomas Sattelberger machte dagegen „reine Symbolpolitik" ohne eine veränderte Unternehmenskultur und ein frauenfeindliches Umfeld verantwortlich.[40] Für den einen waren also die Frauen schuld, für den anderen die Unternehmen. Die *F.A.Z.*-Journalistin Bettina Weiguny mutmaßte gar, das öffentliche Scheitern der Frauen sei gewollt und männlichen Entscheidungsträgern auf Topebene ganz recht gewesen, da auf diese Weise eine feste Frauenquote für den Vorstand vorerst abgewendet werden konnte: „Die Frauen werden vielmehr abgespeist mit Posten im Aufsichtsrat, im operativen Management toben sich weiterhin die Männer aus."[41] Willkommen im Haifischbecken!

Über die wahren Ursachen der weiblichen Abgänge muss man spekulieren, denn genau wie ich machen auch Journalistinnen und Journalisten die Erfahrung, dass Topmanagerinnen zu ihren Negativerfahrungen eisern schweigen. „Die Frauen ducken sich weg", schreibt Kerstin Bund in der *Zeit*. Viele der Ex-Vorständinnen dürften Verschwiegenheitsklauseln unterschrieben haben, andere um ihre weitere Karriere fürchten. Eine seltene Ausnahme ist Brigitte Ederer, frühere österreichische Staatssekretärin (SPÖ), Vorstandsmitglied und anschließend von 2005 bis 2010 auch Vorstandsvorsitzende von *Siemens Österreich*. Von Mai 2010 bis September 2013 amtierte sie danach als Personal- und Europachefin des

Siemens-Mutterkonzerns in München. Sie wurde vorzeitig abberufen und sagt: „Ich weiß bis heute nicht, warum ich gehen musste."[42] Die von der Journalistin Kerstin Bund dazu recherchierte Hintergrundgeschichte ist folgende: Betriebsräte und Gewerkschafter bei *Siemens* hätten die als arbeitnehmerfreundlich geltende Sozialdemokratin zunächst willkommen geheißen. Allerdings habe Ederer dann weltweit 10.000 Stellen streichen müssen, davon 6.000 in Deutschland. Auch habe sie sich geweigert, den hochdotierten Vertrag des *Siemens*-Betriebsratschefs über die betriebliche Altersgrenze hinaus zu verlängern (eine juristisch korrekte Entscheidung, wie später bestätigt wurde). Als anschließend *Siemens*-Aufsichtsrat Gerhard Cromme die Unterstützung des Arbeitnehmerlagers gebraucht habe, um CEO Peter Löscher stürzen und ihn durch Joe Kaeser ersetzen zu können, hätten die Arbeitnehmervertreter im Gegenzug Ederers Kopf gefordert. Alle Seiten bestreiten einen solchen Deal hinter den Kulissen selbstverständlich.[43]

Headhunter Thorborg, der bis heute gegen eine Frauenquote wettert,[44] dürfte es schwer haben, einer Frau mit langjähriger Erfahrung als Konzernvorständin mangelnde Qualifikation im neuen Job zu attestieren. Ich erzähle Ederers Geschichte hier, weil sie verdeutlicht, wie der Machtpoker an der Unternehmensspitze laufen kann. Eine wichtige Lehre daraus ist, dass ein Scheitern auf diesem Spielfeld nichts mit persönlichem Versagen zu tun haben muss. Brigitte Ederer hat vermutlich überhaupt nichts Wesentliches „falsch gemacht" und trotzdem ihren Job verloren. Meiner Erfahrung nach stecken Männer eine solche Niederlage leichter weg, ordnen die gerupften Federn und machen sich auf die Suche nach der nächsten Herausforderung. Frauen hadern viel häufiger mit sich und suchen die Schuld bei sich selbst. Das ist es ja auch, was ihnen oft gespiegelt wird: Die Frau hat es nicht gepackt! Dass ein Mann aufgrund seines Mannseins und der damit angeblich verbundenen Eigenschaften im Management gescheitert ist, habe ich dagegen noch nirgendwo gelesen. Auch mag es sein, dass Frauen ähnliche Volten und Finten eher satthaben und das Handtuch werfen, statt Machtkämpfe sportlich zu nehmen.

Während die ersten Frauen in den Dax-Vorständen also öfter aus dem Job schieden als Männer, hat sich das Verhältnis inzwischen umgekehrt. Bezogen auf alle Dax-Indices verließen (jeweils von September bis September des Folgejahres) ihre Vorstandsposition:

- 2016/2017: 9 % der Frauen und 11 % der Männer
- 2017/2018: 10 % der Frauen und 13 % der Männer
- 2018/2019: 7 % der Frauen und 19 % der Männer[45]

Vielleicht kehrt doch langsam etwas mehr Normalität ein für die Frauen auf der Topetage. Das *Manager Magazin* sieht darin, dass Spitzenfrauen selbstbewusst die Zusammenarbeit aufkündigen, wenn ihnen die Rahmenbedingungen nicht mehr passen, sogar ein positives Signal. Genannte Beispiele sind Hauke Stars von der *Deutschen Börse*, Sabine Eckhart von *ProSiebenSat.1* oder auch Janina Kugel, früher *Siemens*. Aus Sicht des Magazins machen sie es wie die Männer, handeln proaktiv und suchen sich nach ihrem selbst gewählten Ausscheiden in Ruhe eine neue Herausforderung.[46] Die Datenbasis ist schmal, doch es wäre schön, wenn diese Deutung zuträfe

KARRIEREKILLER: EINZELKÄMPFERIN, QUEREINSTIEG OHNE HAUSMACHT, HIMMELFAHRTSKOMMANDOS

Keine und keiner siegt allein. Das gilt auch an der Unternehmensspitze. Solange Frauen dort in der Minderheit und oft sogar in der Rolle der „Einzigen" sind, müssen sie doppelt aufpassen, sich nicht zu isolieren, denn auch im Vorstand braucht man Verbündete. Solche Mitstreiter gewinnt man durch gemeinsame geschäftliche Interessen, durch gegenseitige Gefälligkeiten, nicht zuletzt aber auch durch verbindliches Auftreten. Alle Menschen sehnen sich nach Aufmerksamkeit, Anerkennung und Bestätigung, und das hört nicht auf, nur weil sie plötzlich über einen Dienstwagen mit Fahrer verfügen. Es schadet daher nicht, regelmäßig (ehrliche) Komplimente zu machen und ein bisschen dem (oft großen) Ego der Kollegen zu schmeicheln. Ich selbst habe jedenfalls nur einmal den Fehler gemacht, nicht genügend Bewunderung für die Segelyacht oder die teure Uhr eines Vorgesetzten aufzubringen, der erkennbar nach Bewunderung gierte und mir das Leben schwer machte, als ihm diese verweigert wurde.

Auch jenseits inhaltlicher Fragen und Sachprobleme ist mitunter erstaunlich, womit Topmanagerinnen den Unmut ihrer männlichen Kollegen auf sich ziehen können. Kleidung, Auftreten, Sprechweise, all das wird – vor allem in einem traditionell männlichen Umfeld – kritisch gemustert, auch wenn die Urteilenden selbst alles andere als Dressman-Qualitäten aufweisen. Topfrauen berichten, dass man ihnen wohlmeinend signalisiert, sie seien „zu auffällig" gekleidet und sollten sich besser zurücknehmen. Über abwesende Frauen wird noch harscher geurteilt: zu dick, zu bieder, komischer Akzent, zu laut, zu … was auch immer. Manches mag vorgeschoben sein, um den männlichen Machtanspruch zu stärken, anderes mag tradierten Rollenklischees entspringen. Frau wird es ohnehin nie allen recht machen können und tut gut daran, bei der äußeren Erscheinung einfach auf das zu setzen, was ihr Sicherheit gibt. Die Ausgrenzungsbereitschaft, die aus solchen Kommentaren spricht, sollte allerdings Anlass sein, nicht unnötig Flanken zu öffnen. Wenn alle Dienstwagen des Typs XY fahren, muss man sich gut überlegen, ob man seine Vorliebe für die Marke YZ anmeldet. Oder gar die Bahncard 100 1. Klasse bevorzugt und so das restliche Gremium als weniger umweltbewusst schlecht dastehen lässt. Wer Eitelkeiten verletzt, muss früher oder später dafür büßen.

Eine weitere Gefahr, sich ins Abseits zu manövrieren, besteht darin, gleich am Anfang zu viel zu schnell verändern zu wollen. Da hilft es auch nichts, wenn vorher von „frischem Wind" und zeitgemäßer Diversity die Rede war. Am ehesten schützt vor Vereinzelung, was man bei den meisten Jobanfängen raten kann: nicht zu schnell vorpreschen, sondern aufmerksam beobachten, Fühler ausstrecken und Verbündete gewinnen, das Bestehende anerkennen – und erst dann Neuerungen angehen. Gescheiterten Topfrauen wird häufig nachgesagt, sie seien zu „harsch" aufgetreten und hätten es an sozialer Kompetenz fehlen lassen. Die Psychologin und Trainerin Cornelia Edding zitiert in einer Studie für die *Bertelsmann Stiftung* einen Vorstandsvorsitzenden dazu wie folgt: „… diese erste Generation von Frauen, die es ganz nach oben geschafft hat in die Vorstandsetage, die musste darum extrem kämpfen. Und diese Frauen haben sich angewöhnt, sich mehr oder weniger so zu verhalten wie die Männer und in schwierigen Situationen haben sie sich härter verhalten als die Männer selbst … Als die oben angekommen sind und diese Härte eigentlich gar nicht mehr gebraucht hätten, waren sie nicht in der Lage, das Potentiometer zurückzudrehen … ."[47] Für den CEO erklärt dieses Auftreten das vorzeitige Ausscheiden von Vorständinnen am ehesten – nicht etwa mangelnde Kompetenz oder inhaltliche Fehlentscheidungen. Die Botschaft: Wer sich isoliert, scheitert an der erstmöglichen Klippe.

Kommunikation ist also das A & O, und Frauen befinden sich hier selbst auf Toplevel in einer Zwickmühle: Sind sie zu zurückhaltend, „können sie sich nicht durchsetzen". Werden sie laut und energisch wie Männer, sind sie „unweiblich" und werden dafür abgestraft: „Dann schlagen die Männer ganz subtil zurück, und zwar fies subtil, gemein, verletzend … Du bist ja eine Frau und ich als Mann gebe dir jetzt mal ein paar Eindrücke, wie ich dich gerade als Frau erlebe", warnt ein anderer Vorstandsvorsitzender in der *Bertelsmann*-Studie.[48] Dass Männer und Frauen unterschiedlich kommunizieren, hat die Sprachwissenschaftlerin Deborah Tannen schon vor Jahrzehnten beschrieben, unter anderem in ihrem Bestseller „Du kannst mich einfach nicht verstehen". Stark vereinfacht gesagt, postuliert Tannen, dass Männer tendenziell eher statusorientiert, Frauen eher beziehungsorientiert sprechen. Männer klären demnach in und mit Gesprächen die Hierarchie, Frauen achten eher auf harmonisches Miteinander und wollen sich in der Regel nicht in den Vordergrund drängen. Frauen sprechen tendenziell leiser, fassen sich kürzer, entschuldigen sich rituell („Nur ein Vorschlag"), wo Männer Tacheles reden („So wird's gemacht"). Frauen lassen sich auch eher unterbrechen, soften ihre Äußerungen häufig ab („Meine persönliche Meinung", „eigentlich", „vielleicht"), sie lächeln mehr und nehmen verbal wie nonverbal weniger Raum ein. Männer hingegen, so Tannen, „lernen von klein auf, Gespräche zu benutzen, um Aufmerksamkeit zu bekommen und zu behalten", sie stellen „ihr Wissen und ihre Fähigkeiten zur Schau und glänzen mit sprachlichen Darbietungen wie Anekdoten, Witzen oder Informationen, um sich in den Mittelpunkt zu rücken".[49] Ausnahmen bestätigen auch hier natürlich die Regel, aber zwei Frauen, die versuchen, sich mit den technischen Daten ihres Autos gegenseitig zu übertrumpfen, sind vermutlich so selten wie zwei Männer, die sich ausgiebig über die eigenen Befindlichkeiten austauschen, bevor sie klären, wer die lieben Kleinen ins Schwimmbad fährt. Managerinnen, die es ganz nach oben geschafft haben, werden kaum in die beschriebene Frauenfalle zurückhaltend-femininen Sprechens tappen. Verhalten sie sich jedoch exakt wie ihre männlichen Kollegen, irritieren sie, weil sie ungebrochen auf dieser geschlechtstypisch weiblichen Hintergrundfolie wahrgenommen werden. Nun sind Topfrauen nicht dazu da, Männern Irritationen zu ersparen. Wollen sie sich aber nicht selbst Steine in den Weg rollen, ist freundlicher Klartext vermutlich die beste Devise: sich nicht die Butter vom Brot nehmen lassen, aber auch nicht in das Statusgerangel der Männer einsteigen. Darauf achten, dass man gesehen wird und zu Wort kommt. Sich die Unterstützung des Leitwolfs sichern. Und darüber hinaus: Teflon-Strategie bei durchsichtigen Attacken, kühles Lächeln bei Angriffen, unmissverständliche, aber niemals schrille Gegenwehr bei Grenzüberschreitungen – kurz: ein souveränes Auftreten, das zu einer „erhabenen" Topfrau passt.

Vorhandene Machtverhältnisse zu durchschauen und sich erfolgreich zu positionieren ist leichter, wenn man ein Unternehmen bereits kennt. Auch wenn Aufsteigerinnen das frühere Mitarbeiterinnen-Image abstreifen müssen, laufen sie weniger Gefahr, in verborgene Fallen zu tappen, als Quereinsteigerinnen. Wer neu ist, muss Mikropolitik und Machtgefüge erst durchschauen, Verbindungen knüpfen, sich eine Hausmacht sichern. Ob das gelingt, hängt nicht nur von der Managerin allein und ihrem kommunikativen Geschick ab, sondern auch von dem politischen Terrain, dass sie betritt, von der wirklichen (und nicht nur behaupteten) Offenheit für Frauen an der Spitze, vom Rückhalt durch Aufsichtsrat und Vorstandsvorsitzenden und davon, wie konfliktträchtig die anstehenden Aufgaben sind. Gerade vermeintlich „weibliche" Ressorts wie Personal oder Marketing entpuppen sich dabei als potenzielle Schleudersitze, weil hier ohne die Kooperationsbereitschaft der anderen Vorstandsbereiche wenig zu bewegen ist. Als „denkbar schlechteste Ausgangslage" für eine neue Topmanagerin bezeichnet Cornelia Edding auf der Basis ausführlicher Interviews mit männlichen wie weiblichen Vorständen und Vorstandsvorsitzenden die Berufung „von außen auf das Personalressort", in schwierigen Zeiten, mit einem Vorstandsgremium, das wie auch der Vorsitzende nicht in die Personalauswahl eingebunden war. Wenn dann noch das „Spartendenken" im Gremium sehr ausgeprägt sei und die neue Vorständin sehr resolut auftrete, sei ihr Scheitern nahezu vorprogrammiert.[50] Die wichtigste Karrierestrategie beim Schritt an die Spitze lautet daher: vorher genau hinschauen, was einen erwartet (vgl. das nächste Kapitel). Versäumt eine Kandidatin das, droht ihr womöglich ein Himmelfahrtskommando und damit Karrierekiller Nummer 3. Sie wäre nicht die Erste, die ihren Bereich durch eine extrem schwierige Phase steuert, bevor ein Nachfolger die Früchte dieser Kärrnerarbeit erntet. Ob Margret Suckale, Personalvorständin bei der *Deutschen Bahn* und zugleich erste Vorstandsfrau in einem Unternehmen dieser Größe, damit gerechnet hat, dass ihr Job kurz nach ihrer erfolgreichen Befriedung eines Lokführerstreiks, der 2007 wochenlang Schlagzeilen machte, an einen Kollegen ging, während Suckale nur noch den Personalbereich einer neu gegründeten Tochtergesellschaft verantwortete? Ein Jahr später verließ Suckale das Unternehmen und wechselte zur *BASF*.[51] ∎

DIE BESTEN KARRIERESTRATEGIEN IN DIESER PHASE: SICH EINE HAUSMACHT SICHERN UND TAKTISCH VORGEHEN

Das Spiel an der Spitze wird tough gespielt, so viel ist sicher. Das betrifft nicht nur Frauen. Im Juli 2014 überschrieb das Wirtschaftsmagazin *Bilanz* einen Bericht über den manchmal rüden Umgang von Aufsichtsräten mit missliebigen und dann geschassten Vorständen mit dem Titel „Erbarmungslos". Alle Betroffenen eines plötzlichen Rauswurfs waren Männer.[52] Wesentlich ist aber, sich bewusst zu machen, dass dieses Spiel nicht plötzlich geändert wird, nur weil „Diversity" angesagt ist und eine kleine Gruppe von Frauen mitspielen darf. Dabei hängt es natürlich von den jeweils Handelnden ab, wie fair oder unfair es im Einzelfall zugeht. Nicht jeder Vorstand ist eine Schlangengrube. Das weiß man aber erst, wenn man eine gewisse Zeit zusammengearbeitet hat. Vor diesem Hintergrund sind die folgenden Strategien zu verstehen.

1. Vor einer Zusage das Umfeld ausloten

Wenn Verbündete das wichtigste Erfolgsmoment sind – weit vor fachlicher Kompetenz–, liegt es nahe, möglichst früh und möglichst gründlich auszuloten, ob man im neuen Umfeld Verbündete finden kann. Eine elementare Voraussetzung dafür ist, dass der Vorstandsvorsitzende und auch die Vorstandsmitglieder bzw. die Geschäftsführung hinter der eigenen Berufung stehen. Und die Chancen hierfür wiederum steigen, wenn das Gremium in die Stellenbesetzung mit einbezogen wurde. Die Schlüsselfigur dabei ist der CEO. „Ohne den Vorsitzenden geht es nicht", darin seien sich die insgesamt 26 weiblichen und männlichen Vorstände ihrer Befragung bei allen sonstigen Differenzen einig gewesen, schreibt Cornelia Edding.[53] Ein selbstherrlicher Aufsichtsrat, der den Vorstand übergeht, ist daher ein ernstes Warnsignal. Bevor Sie Ihre Unterschrift unter einen Arbeitsvertrag setzen, sollten Sie daher mit allen Vorstandsmitgliedern Gespräche führen, um sich ein eigenes Bild zu machen. Natürlich sind spätere Überraschungen damit nicht ausgeschlossen, aber wer ein Ohr für Zwischentöne hat, ist möglicherweise gewarnt. Wie reden die potenziellen Kollegen (und idealerweise auch Kolleginnen) übereinander und über die gemeinsame Aufgabe? Flüchtet man sich in wolkige Allgemeinplätze oder wird man konkreter? Welche Herausforderungen sieht man für die Zukunft? Gibt es dabei einen gemeinsamen Nenner oder zeichnen sich bereits hier Differenzen ab? Wie offen begegnet man Ihnen? Ist eine gewisse Wertschätzung spürbar? Profitieren Sie bei solchen Gesprächen auch davon, dass man Ihr Interesse an einem Kennenlernen als Zeichen der Wertschätzung und erstes Kooperationsangebot einstufen wird.

Neben solchen persönlichen Eindrücken gibt es allgemeine Indizien dafür, wie heikel die neue Herausforderung sein wird: Sind Sie die erste Frau in einer männergeprägten Umgebung? Ist der bisherige Vorstand bzw. das Topmanagement sehr homogen in Geschlecht, Alter, Studienhintergrund und Blick auf die Welt? Ein multinationaler Vorstand mit lebendiger Debattenkultur wird sich vermutlich leichter mit einem weiblichen Neuzugang tun als ein Club älterer Herren, die alle wahlweise Wirtschaft oder Maschinenbau an denselben Hochschulen studiert und ihr gesamtes Arbeitsleben hierzulande verbracht haben. Wie ernst meint man es im Unternehmen mit Diversität und Inklusion? Gibt es entsprechende Nachwuchsförderung? Haben Frauen Chancen im Mittelmanagement? Oder beschränkt man sich bisher auf Hochglanzbroschüren und Pressestatements, was den Verdacht des „Social Washing" nahelegt? Bilden Sie sich ein Urteil, und entscheiden Sie dann, ob Sie die Herausforderung annehmen wollen.

2. Entschlossen verhandeln

Verhandeln Sie für sich selbst so gut, wie Sie es für das Unternehmen tun würden. Loten Sie Ihr zukünftiges Aufgabenfeld genau aus. Je klarer Sie vor Augen haben, worin Ihre Herausforderung besteht und welche Erwartungen man an Sie hat, desto eindeutiger können Sie die

Rahmenbedingungen und Befugnisse fordern, die Sie für einen Erfolg brauchen. Haken Sie nach, wenn die genannten Zielvorstellungen allzu wolkig bleiben. Und geben Sie sich bei eigenen Forderungen nicht mit vagen Absichtserklärungen zufrieden, sondern bestehen Sie auf deren schriftlicher Fixierung. Wenn Sie hier freundlich, aber bestimmt Ihre Interessen durchsetzen, machen Sie damit gleichzeitig deutlich, dass Sie keine dekorative Quotenfrau sein werden, die man beliebig für eigene Zwecke instrumentalisieren kann. Eine solche „Hidden Agenda" spielte möglicherweise bei der Entlassung Valerie Holsboers eine Rolle, die als erste Frau im Verwaltungsrat der *Bundesagentur für Arbeit* im Sommer 2019 nach nur zwei Jahren gehen musste. Während die Vertreter von Ministerien und Kommunen dies öffentlich bedauerten, betrieben die Wirtschaftsvertreter ihre Ablösung umso entschlossener. Schlüsselfigur dabei war offenbar Peter Clever, ein wichtiger Vertreter der Arbeitgeberseite. Ein Insider kommentierte das gegenüber der *Süddeutschen Zeitung* so: „Der [= Clever] hat gedacht, er kann mit der Holsboer machen, was er will." Angeblich schrie Clever seine Kollegin Holsboer in Sitzungen öfter an. Einmal habe er sogar ein Buch nach ihr geworfen. Die Gewerkschafter stimmten mit der Arbeitgeberseite, womöglich, um später eigene Nominierungen für den Verwaltungsrat der Bundesagentur besser durchsetzen zu können (was öffentlich natürlich bestritten wird). So viel noch einmal zu den Themen Hausmacht und Fairness. Derartige Rechnungen gehen allerdings nicht immer auf. Wenige Tage nach Holsboers Rauswurf trat Clever zurück.[54]

3. Bei typischen „Frauenressorts" vorsichtig sein

2015 befürchtete die Wirtschaftsprüfungsgesellschaft *KPMG* ein „Pink Ghetto" in der Vorstandsetage – die Reduzierung von Topmanagerinnen auf vermeintlich weibliche Ressorts wie Personal, Kommunikation, PR. Grundlage war eine Befragung der Dax-30-Unternehmen im Vorfeld des Stichtags für die Frauenquote in Aufsichtsräten.[55] Diese Befürchtung hatte sich ein Jahr später glücklicherweise nicht bewahrheitet, wie die

Wirtschaftswoche in einem Artikel unter der bezeichnenden Überschrift „Frauen können mehr als Kummerkasten-Tante" 2016 feststellte.[56] Und auch das *Manager Magazin*, das im Januar 2020 die „100 einflussreichsten Frauen" der deutschen Wirtschaft vorstellte, machte deutlich, dass Frauen – wenn auch in überschaubarer Anzahl, so doch in allen Ressorts Verantwortung tragen. Unter den 41 Topmanagerinnen, die neben Unternehmerinnen, Aufsichtsrätinnen, Partnerinnen großer Beratungen und Influencerinnen die „Top 100" bilden, sind sechs Personalvorständinnen, aber neun Frauen, die das Finanzressort verantworten. Zwei Managerinnen amtieren als Digitalvorständin *(Axel Springer, Deutsche Bahn)*, drei verantworten das Vertriebsressort *(Audi, Daimler und SAP)*, eine Managerin Technologie und Innovation *(Deutsche Telekom)*, elf tragen als Deutschland-Chefin, CEO, Co-CEO, Vorstandsvorsitzende oder Vorstandssprecherin Verantwortung, in so unterschiedlichen Unternehmen wie *Microsoft, Gruner + Jahr, SAP, Douglas, Hartmann* (Medizinprodukte), *Grenke* (ein auf Technik-Leasing für Unternehmen spezialisierter Finanzdienstleister), *Thyssenkrupp, HSBC Trinkaus & Burkhardt* (eine internationale Geschäftsbank), *Division Mobility Siemens, HHLA* (Hamburgs Hafenbetreiber) oder *DIC Asset* (ein Investor mit Schwerpunkt Gewerbeimmobilien).[57] Auch bei *Mission Female* sind Frauen aus den verschiedensten Wirtschaftsbereichen vertreten, von Medien bis Pharma, von IT bis Verkehr, von Werbung bis Finanzdienstleistung. Frauen erobern langsam (für mich zu langsam), aber immerhin kontinuierlich alle Wirtschaftsbereiche, und das ist gut so. Denn gerade das Personalressort ist – allen Sonntagsreden über Fachkräftemangel, War for Talents und Bedeutung motivierter Mitarbeiterinnen und Mitarbeiter zum Trotz – häufig eher ein nachgeordnetes. Im Magazin *brand eins* bringt es ein erfahrener Personalleiter so auf den Punkt: „Der Verkäufer sorgt für den Umsatz, der technische Leiter sichert die Produktion – und dann gibt es noch den Personaler, der bitte nicht weiter stören soll. Es reicht, wenn er das Personal heranschafft, Abmahnungen ausspricht, wenn etwas schiefläuft, und gegebenenfalls möglichst geräuschlos Leute rauswirft." Er ist nicht der Einzige, der resigniert hat. Das Wirtschaftsmagazin überschrieb den Artikel passend mit „Die Ohnmächtigen".[58] Das Personalressort ist abhängig von der Kooperation der übrigen Ressorts und wird häufig nicht in seiner strategischen Bedeutung anerkannt. Wird die Zusammenarbeit verweigert, aus welchen Gründen auch immer, wird man dort schneller geschasst als anderswo – erst recht, wenn die Ansicht vorherrscht, einer besonderen fachlichen Qualifikation bedürfe es hier weniger, und die Stelleninhaberin, der Stelleninhaber sei leicht ersetzbar.

4. Unvermutete Chancen ergreifen, „Glass Cliffs" nutzen

Wäre Angela Merkel im Jahre 2000 CDU-Vorsitzende und fünf Jahre später Bundeskanzlerin geworden, hätte sie nicht als Einzige in der Partei den Mut bewiesen, sich zwei Tage vor Weihnachten 1999 öffentlich für ein Ende der Ära Kohl auszusprechen? Das ist eher unwahrscheinlich, denn zu dieser Zeit galten eigentlich Männer wie Jürgen Rüttgers oder Volker Rühe in der Partei als Hoffnungsträger. Merkel als damalige Generalsekretärin allerdings bezog mit einem Text in der *Frankfurter Allgemeinen Zeitung* am 22.12.1999 klar Position und eröffnete der in der Parteispendenaffäre tief zerstrittenen Partei damit eine neue Perspektive. Der Rest ist Geschichte. Dass sich Frauen in Krisensituationen Chancen eröffnen, wird in der Wissenschaft seit gut 15 Jahren unter dem Stichwort „Glass Cliff" diskutiert. Formuliert wurde diese These erstmals von zwei Forschenden an der *University of Exeter*, Michelle Ryan und Alex Haslam. Sie untersuchten 2003 die Rollen von Topmanagerinnen in den größten börsennotierten Unternehmen Großbritanniens (FTSE 100). Ihr Fazit: „Women tended to occupy leadership roles that were more risky and more precarious than their male counterparts – the glass cliff."[59] Zehn Jahre später widmete sich Alison Cook von der *Utah State University* diesem Phänomen. Sie deutet es so: „Wenn es Unternehmen schlecht geht, sagen die wirklich qualifizierten weißen männlichen Kandidaten: ‚Ich will da nicht mitmachen.' "[60] Bei näherer Überlegung sprechen tatsächlich etliche Gründe dafür, dass eine heikle Unternehmenssituation die üblichen Routinen der Besetzung von Toppositionen lockert: Bisher unangefochtene Entscheidungsträger geraten unter Druck, ihre Machtposition bröckelt. Gut etablierte Seilschaften bieten keinen sicheren Halt mehr. Begehrte Kandidaten winken ab. Die bisherigen Strategien sind erkennbar gescheitert, und in der Folge wächst die Bereitschaft, etwas (oder jemand) Neues auszuprobieren. Dies kann die Stunde mutiger Frauen sein, die sich nicht scheuen, Verantwortung für Unternehmensschiffe zu übernehmen, die an der nächsten Klippe zu zerschellen drohen. Beispiele in jüngerer Vergangenheit sind Sigrid Nikutta, die im Januar den Vorstandsvorsitz der seit vielen Jahren defizitären *DB Cargo* übernahm und im Bahnvorstand für Güterverkehr zuständig ist, Sabina Jeschke, die ebenfalls bei der Bahn nicht nur Digitales, sondern seit Anfang 2020 zusätzlich auch die Instandhaltung der Züge verantwortet, und nicht zuletzt Martina Merz als Interimsvorständin des angeschlagenen Riesen *Thyssenkrupp*.

Die Strategie, die sich daraus ableiten lässt: Wer starke Nerven hat, kann beherzt zugreifen, wo andere zurückzucken. Voraussetzung: Das geschieht sehenden Auges und geht von Anfang an mit in die Verhandlungsmasse über die fragliche Position ein – bei der Vergütung, bei Handlungsmöglichkeiten, Budget, Personal und nicht zuletzt bei realistischen Zielsetzungen. Denn was andere durch jahrelange Fehlentscheidungen verschuldet haben, wird auch die klügste Frau nicht binnen Kurzem ändern können. Und bittere Wahrheiten serviert man am besten am Anfang, nicht erst während einer neuen Herausforderung. ▍

WAS UNTERNEHMEN JETZT TUN KÖNNEN, UM FRAUEN VORANZUBRINGEN

Wenn Unternehmen nicht nur politisch korrekte Schaufensterpolitik betreiben, sondern die wirtschaftlichen Vorteile einer tatsächlich offeneren und diverseren Unternehmenskultur nutzen wollen, tun sie gut daran, mehr Frauenpower als notwendige Transformation zu begreifen – ähnlich wie Herausforderungen der Globalisierung oder Digitalisierung. Damit verändert sich der Blick auf das Thema. Frauen an der Spitze sind dann nicht länger argwöhnisch beäugte Exotinnen, deren mögliches Scheitern gleichgültig oder sogar mit Genugtuung registriert wird. Sie sind vielmehr Kompetenzträgerinnen, deren Beitrag ausdrücklich gewünscht und wertgeschätzt wird. An die Stelle von Argwohn tritt der Wunsch, gemeinsam erfolgreich zu sein.

TÜREN ÖFFNEN STATT VERSTECKTE BARRIEREN AUFRECHT ERHALTEN

Bislang ist es so, dass in vielen Organisationen Frauen eher halbherzig oder sogar nur auf Druck des Gesetzgebers für die Topebene in Erwägung gezogen werden. Die Einführung der Geschlechterquote für die Aufsichtsräte börsennotierter Unternehmen mit Mitbestimmungspflicht ist ein Paradebeispiel. Erst durch ein Gesetz kamen die Dinge in Bewegung, und allen Unkenrufen zum Trotz war es plötzlich doch möglich, die vorgeschriebene Anzahl von 30 Prozent kompetenter Frauen zu finden. Die freiwillige und selbst gesetzte Zielmarge für Vorstände hingegen erwies sich als willkommene Hintertür, alles beim Alten zu belassen oder sogar weiterhin öffentlich zu bezweifeln, dass es überhaupt geeignete Frauen für Vorstandspositionen gäbe (Stichwort „Zielgröße Null"). Was hinter dieser Haltung steckt, ist in diesem Buch ausführlich beschrieben worden: traditionelle Rollenerwartungen, unbewusste wahrnehmungsverzerrende Vorurteile („Unconscious Bias"), männliche Kumpanei und der damit verbundene Wunsch, bequeme Gewohnheiten beizubehalten („die Dame stört die Kreise"), nicht zuletzt auch persönliche Machtinteressen: Hätten Frauen tatsächlich gleiche Chancen, schmälert das die eigenen Karriereoptionen, da die Zahl der Toppositionen begrenzt ist. Und selbst bei gutem Willen der Entscheidungsträger im Unternehmen haben es Frauen schwerer als Männer, denn tief verwurzelte Haltungen lassen sich nicht auf Knopfdruck umprogrammieren. Headhunter machen die Erfahrung, dass auch auf Topebene häufig diejenigen die besten Chancen haben, die den Auswählenden möglichst ähnlich sind. Vertrautheit ist bequem und schafft Sympathie. Es ist daher verständlich, wenn Besetzungslisten nach dem Muster „Thomas sucht Thomas" erstellt werden, allenfalls ergänzt durch eine Alibi-Frau. „Den Ausschuss von einer Kandidatin zu überzeugen, bedeutet mehr Aufwand und Risiko, und so sind Frauen auf der Liste dann häufig nur Zählkandidatinnen", fasst die *AllBright* Stiftung zusammen.[61] Headhunter erfüllen Aufträge. Sie sind nicht dazu da, Unternehmen zu modernisieren oder in Frauenfragen zu missionieren. Und auch die Hoffnung, Topfrauen, die es bis an die Spitze geschafft haben, seien Türöffner für weitere Frauenkarrieren, hat sich nicht bestätigt. Mehr Frauen in den Aufsichtsräten führen nicht automatisch zu mehr Frauen in den Vorständen, wie weiter oben in diesem Kapitel beschrieben. Bislang werden Frauen selten in Besetzungsausschüsse berufen. Möglicherweise scheuen sie sich auch, durch das Frauenthema für sich selbst eine weitere Flanke für Kritik zu öffnen. Oder sie sind nach dem Muster der Bienenköniginnen wie manche Frauen im Mittelmanagement der Meinung, andere müssten sich eben auch „durchbeißen", so wie sie selbst.

Damit all diese Faktoren Frauen auf Topebene nicht länger im bisherigen Ausmaß das Leben schwer machen können, ist ein Umdenken in den Unternehmensspitzen gefragt. Es ist kein Zufall, dass *SAP* zum Vorzeige-Dax-Unternehmen in Sachen Gender Diversity geworden ist. Die (leider nur kurzzeitige) Co-CEO Jennifer Morgan war Mentee ihres Vorgängers Bill McDermott. Und mit dem Aufsichtsratsvorsitzende Hasso Plattner hätten Frauen einen „starken Befürworter an ihrer Seite", so Plattners Stellvertreterin Margret Klein-Magar. Er treibe das Thema „ehrlich" voran.[62] Eine solche Signalwirkung, die außer vom Aufsichtsrat auch vom CEO ausgehen sollte, ist nicht zu unterschätzen. Gleichzeitig jedoch ist entscheidend, wie das Vorstandsgremium insgesamt sich in der „Frauenfrage" positioniert. Idealerweise ist man ebenso ehrlich wie Hasso Plattner am Erfolg eines Neuzugangs interessiert, sei er nun männlich oder weiblich. Idealerweise steht tatsächlich das Unternehmensinteresse im Mittelpunkt und nicht persönliche Eitelkeiten. Und idealerweise lässt man jemanden nicht deswegen auflaufen, weil er dem anderen Geschlecht angehört. Auch hätte es Hasso Plattner gut zu Gesicht gestanden, in Krisenzeiten zu seiner Entscheidung zu stehen.

Es geht also nicht um eine Sonderrolle für Frauen – eine Art positiver Diskriminierung, sondern darum, negative Diskriminierung zu beenden. Am wirksamsten dabei sind konkrete Maßnahmen zur kurzfristigen Erhöhung des Frauenanteils. Wären alle Besetzungslisten der Headhunter ab sofort paritätisch besetzt und würde die 30-Prozent-Quote für den Aufsichtsrat auf Vorstände ausgedehnt, würde sich das Klima auf der Topebene wesentlich rascher ändern als in den letzten Jahrzehnten. Topmanagerinnen müssen zur Normalität werden, damit sich anschließend auch in den Köpfen etwas ändert, und das geht nicht ohne formale Regeln, am besten selbstgesetzte. Sonst ist eine gesetzliche Frauenquote für Vorstände vermutlich nur noch eine Frage der Zeit. Einen Gesetzentwurf, der mindestens eine Frau im Vorstand von Unternehmen mit mehr als 2.000 Mitarbeitern vorschreibt, brachte Bundesfamilienministerin Franziska Giffey bereits Anfang 2020 auf den Weg. Die Gewerkschaften signalisierten Zustimmung.[63] Die Menschheit hat sich daran gewöhnt, dass Frauen Auto fahren, Konten eröffnen, Fußball spielen. Sie wird sich auch daran gewöhnen, dass Frauen Flugzeuge steuern, in Aktien investieren und große Unternehmen führen.

FÜR MEHR GENERELLE DIVERSITY SORGEN

Das Thema „Diversity" ist bekanntermaßen kein reines Frauenthema. Ziel ist vielmehr die Gleichheit der Chancen für Menschen unabhängig von Hautfarbe, ethnischem oder sozialem Hintergrund, Alter, Geschlecht, individuellen Handicaps, Religion oder sexueller Orientierung. Schon 2009 machte sich der damalige CEO Peter Löscher mit der These keine Freunde, die Chefetagen bei *Siemens* seien „zu weiß, zu deutsch und zu männlich".[64] Geändert hat sich seitdem wenig. Zehn Jahre später sagt der Digitalexperte und Geschäftsführer von *Neon Ventures* Richy Ugwu exakt dasselbe.[65] Unternehmen rekrutierten häufig so, „als sei nur ein männlicher, 53-jähriger, westdeutscher Betriebswirt in der Lage, im Vorstand eines Unternehmens mitzuwirken", urteilte das *Handelsblatt* 2019.[66] Doch je internationaler und weltoffener ein Unternehmen ist, desto besser sind auch die Chancen für Frauen, ganz oben mitzumischen. Ein Beispiel dafür ist der Gabelstapler-Produzent *Kion AG*. Dort gibt es fünf Frauen im Aufsichtsrat und eine im vierköpfigen Vorstand, mit Zuständigkeit für Finanzen und Personal. Der *Kion*-Aufsichtsratsvorsitzende John Feldmann ist der Überzeugung: „Unterschiedliche unternehmerische und kulturelle Erfahrungen sowie Denkweisen und fachliche Kompetenzen sind der Schlüssel zum unternehmerischen Erfolg."[67] Entsprechend international besetzt sind *Kion*-Vorstand und -Aufsichtsrat, mit Managern aus den USA, Malaysia, China und Deutschland. 2019 wurden die Geschäftserwartungen des Unternehmens übrigens übertroffen.[68]

Je größer und internationaler die Unternehmen sind, desto wahrscheinlicher sind dort Frauen auch in den Vorständen zu finden. So betrug zum Stichtag 1. September 2019 der Frauenanteil in den Aufsichtsräten der Dax-30-Unternehmen 35,4 Prozent, im MDax waren es 32,1 Prozent, im SDax 28,0 Prozent. Von den Vorstandsposten waren bei den Dax 30 14,7 Prozent weiblich besetzt, im MDax 9,1 Prozent und im SDax 5,4 Prozent.[69] Bei den größten Organisationen ist der Frauenanteil im Vorstand damit beinahe drei Mal so hoch wie bei den sogenannten Small Caps. Dass Frauen in einem insgesamt vielfältigeren Umfeld auf weniger Widerstand treffen, liegt nahe. Die Zusammenarbeit von Menschen unterschiedlicher Kulturkreise ist ohne Offenheit und Toleranz kaum möglich. Die weibliche „Kultur" fügt diesem Konzert nur eine weitere Note hinzu, während sie in einem uniformen Verbund männlicher, weißer und mittelalter Betriebswirte, Juristen oder Ingenieure unweigerlich zur irritierenden Ausnahme wird.

Es spricht also viel dafür, dass Unternehmen ihre Personalpolitik generell öffnen und sich von vertrauten Gewohnheiten lösen sollten. Mittelfristig stärkt ein Recruiting, das Besetzungen nach dem Ähnlichkeitsprinzip schon bei Einstiegs- und mittleren Positionen verhindert, auch mehr Vielfalt auf Topebene (vgl. hierzu auch Teil I „Was Unternehmen jetzt tun können"). Ein solches Recruiting wirkt zum einen, weil damit entsprechender Nachwuchs für die Spitze generiert wird. Und es zahlt sich zum anderen für Frauen aus, weil diese damit gar nicht erst in eine Sonderrolle gedrängt werden, die sie stärker zur potenziellen Zielscheibe von Angriffen, ob wegen angeblicher Bevorzugung oder angeblich grundsätzlicher Nichteignung, werden lässt. Auch entspricht es der wachsenden Vielfalt unserer Gesellschaft, überkommene Führungsstereotypen zu überwinden und die Unternehmen dahingehend zu öffnen.

DEN PROFESSIONELLEN AUSTAUSCH VON TOPFRAUEN FÖRDERN

Als ich 2019 das Executive-Netzwerk *Mission Female* gründete, war ich ziemlich sicher, dass viele Topfrauen in der Wirtschaft großes Interesse an einem gegenseitigen professionellen Austausch haben würden. Die tatsächliche Resonanz übertraf jedoch all meine Erwartungen. Das Angebot, in einem geschützten Raum Erfahrungen zu teilen, von- und miteinander zu lernen und sich beim beruflichen Fortkommen ganz konkret zu unterstützen und weiterzuempfehlen, traf offenbar einen Nerv. *Mission Female* ist branchenübergreifend und exklusiv. Zugang haben Frauen, die bereits im Topmanagement oder an der Schwelle dorthin sind. Ich bin stolz darauf, dass wir viele bekannte Managerinnen und Aufsichtsrätinnen zu unseren Mitgliedern zählen, die sich engagiert in Veranstaltungen von gemeinsamen Workshops bis zu exklusiven Dinnern einbringen, als Rednerinnen, Teilnehmerinnen oder Gastgeberinnen. „Stronger Together" ist unser gelebtes Motto. Es hebt *Mission Female* von anderen Frauennetzwerken ab, die mitunter zu Recht als zwar entlastende, aber letztlich wirkungslose Zirkel gelten. Bei *Mission Female* lautet die Devise „Business Talk statt Kaffeeklatsch", auch wenn wir bei einem Offsite in Marbella, in Workshop-Pausen beim Abendessen oder bei einem Absacker an der Hotelbar natürlich auch privat miteinander ins Gespräch kommen. Auch das ist wichtig, denn oft kommen Freunde und Familienmitglieder beim beruflichen Alltag besonders erfolgreicher Frauen nicht mehr mit – und auch der eigene Partner möchte nicht fortwährend als Sparringspartner zur Verfügung stehen.

Die Frage, ob es heute noch reine Frauennetzwerke braucht, wird durchaus kontrovers diskutiert. Gegnerinnen führen an, der Austausch und die Vernetzung mit Männern sei für Frauen zielführender in einer nach wie vor männerdominierten Wirtschaft. Frauennetzwerke bewegten zudem (zu) wenig, weil sie häufig horizontal, nicht vertikal (Ebenen übergreifend) strukturiert seien.[70] Nüchtern betrachtet gilt es, das eine zu tun und das andere nicht zu lassen. Jede ambitionierte Managerin profitiert auch auf Topebene von einem vielfältigen Kontaktnetz in Wirtschaft und Gesellschaft. Ein solches Netz lässt sich bei gesellschaftlichen Anlässen und ehrenamtlichen Aktivitäten knüpfen, durch Schirmherrschaften und in den Führungsgremien angesehener Vereine. Selbst die *Rotarier* nehmen seit 1989 Frauen auf. Seitdem besetzten Frauen verschiedene Ämter der weltweiten *Rotary Foundation* und 2019 sogar das Amt der Vorsitzenden. Die *Rotarier* sind nur ein Beispiel dafür, wie sich gesellschaftliches Engagement mit dem Knüpfen hochkarätiger Kontakte verbinden lässt. Auf kommunaler, regionaler, nationaler wie internationaler Ebene gibt es eine Reihe von Anliegen, für die man sich engagieren kann. Hinzu kommen Berufsverbände und Branchenvereinigungen. Was all diese Netzwerke jedoch nicht leisten, ist ein offener Austausch über Schlüsselfragen und persönliche Anliegen der beruflichen Herausforderungen im Topmanagement, wie etwa erfolgreiche Positionierung in einem rein männlichen Umfeld, Strategien im Umgang mit der Öffentlichkeit und anderen Stakeholdern oder persönliche Resilienz in belastenden Situationen. Unternehmen, die Frauen im Topmanagement stärken wollen, tun daher gut daran, diese bei der professionellen Vernetzung mit gleichgesinnten Managerinnen zu unterstützen – durch hausinterne branchenspezifische wie branchenübergreifende Veranstaltungen ebenso wie durch Netzwerke wie *Mission Female*. Ein solches Engagement dokumentiert zugleich das ernsthafte Interesse des Unternehmens an weiblicher Leadership und stärkt seine Profilierung als moderne und zukunftsorientierte Organisation. ▪

ANGEKOMMEN: DIE NEUE ROLLE MIT FREUDE AUSFÜLLEN

Fazit: Es wird nicht alles einfacher, wenn die Topebene erreicht ist. Die Ansprüche ändern sich, aber es bleiben genügend Herausforderungen, auch jenseits von Sachfragen. Welche Strategien sich vor dem Hintergrund von Erfahrungsberichten, Gesprächen mit Betroffenen und Studien empfehlen, um als Topmanagerin seine Position mit Verve und Freude wahrzunehmen, fasst die folgende Übersicht zusammen.

- Bereits vor Übernahme einer Position sondieren, ob das zukünftige Umfeld (Vorstand, Aufsichtsrat oder Geschäftsführung) kooperationsbereit sein wird: Gespräche mit zukünftigen Kollegen führen und ohne volle Rückendeckung von CEO, Aufsichtsratsvorsitzenden oder auch Unternehmensinhaber zweimal überlegen, ob man die Stelle antreten will.
- Vorsicht walten lassen, wenn das bisherige Topmanagement sehr homogen ist („männlich, weiß, Betriebswirt, Mitte 50") und Frauen auf dieser Ebene bislang keinerlei Rolle gespielt haben. Vorsicht außerdem bei Querschnittsressorts wie Personal, deren Erfolg stark von der Kooperationsbereitschaft der Managementkollegen abhängt.

- Vor Stellenantritt die an die Position gestellten Erwartungen gründlich klären, sich nicht mit wolkigen Auskünften zufriedengeben. Selbstbewusst verhandeln und sachliche Erfolgskriterien und Befugnisse im Arbeitsvertrag fixieren. Betrachten Sie die Vertragsverhandlung als Test Ihrer Durchsetzungsfähigkeit und Hartnäckigkeit.

- Sich bewusst sein, dass man mit dem Topmanagement auch eine öffentliche Bühne betritt, und bei spontanen Äußerungen Vorsicht walten lassen. Den Interpretationsspielraum, den man damit möglicherweise eröffnet, mitbedenken und im Zweifelsfall eher zurückhaltend-ausweichend formulieren.

- Im Umgang mit der Presse Rollensterotypen bewusst unterlaufen, indem man triviale Fragen zu „Frauenthemen" lächelnd ins Leere laufen lässt, hartnäckig zu fachlichen Themen überleitet oder das unbewusste Bias explizit als solches enttarnt: „Würden Sie das auch einen Mann fragen?"

- Sich daran gewöhnen, Macht zu haben und diese nicht nur inhaltlich auszuschöpfen, sondern auch zu verkörpern – durch einen freundlich-distanzierten, jederzeit beherrschten und rollenkonformen Habitus.

- Sich zumindest übergangsweise damit arrangieren, (wieder) die einzige Frau in einem männerdominierten Umfeld zu sein, und den Versuch an sich abperlen lassen, als „Only" für das weibliche Geschlecht insgesamt in Haftung genommen zu werden.

- Damit rechnen, dass Frauen nicht von allen Playern auf Topebene gern gesehen werden, auch wenn diese Ablehnung sich hinter politisch korrekten Lippenbekenntnissen verbirgt. Verbündete suchen, sich eine Hausmacht schaffen. Sich nicht unnötig durch Nebensächlichkeiten isolieren, sondern bei Dienstwagen, Büro etc. eher mit dem Strom schwimmen.

- Sich eine Rüstung gegen verkappt oder offen frauenfeindliches Verhalten und anderen „Gegenwind" zulegen. Sprüche an sich abprallen lassen, mit Humor Distanz schaffen oder lächelnd die Zähne zeigen – selbstbewusst Frau sein. Allen werden Sie es ohnehin niemals recht machen!

- Akzeptieren, dass im Topmanagement tough gespielt wird und Machtspiele und Intrigen nicht selten sind. Nicht blind auf persönliche Loyalität vertrauen, weder bei Mitarbeiterinnen und Mitarbeitern noch bei Vorstands- oder Aufsichtsratsmitgliedern. Vor diesem Hintergrund Scheitern nicht persönlich nehmen, sondern sich am Verhalten männlicher Kollegen orientieren: Krone richten und weiterziehen.
- Mutig zugreifen, wenn Sie sich ein Himmelfahrtskommando zutrauen. In Ausnahmesituationen eröffnen sich oft Chancen für Frauen („Glass Cliff Jobs"). Allerdings möglichst genau ausloten, was Sie erwartet, und sich in der Vertragsverhandlung entsprechende Bedingungen und Befugnisse garantieren lassen.
- Sich gezielt mit anderen Topmanagerinnen vernetzen, zum Austausch über berufliche Herausforderungen, zur Professionalisierung sowie zur gegenseitigen mentalen wie konkreten Unterstützung beim weiteren Fortkommen (etwa durch Empfehlungen). Konkrete Unterstützung bietet dabei das Executive Netzwerk *Mission Female*. Darüber hinaus Kontakte in Wirtschaft und Gesellschaft pflegen, etwa durch ehrenamtliches Engagement.

STATEMENTS

» Wie dünn ist die Luft an der Spitze wirklich? «

Wie beurteilen Topmanagerinnen und Topmanager die besonderen Herausforderungen an der Unternehmensspitze? Auch zu dieser Frage äußerten sich Betroffene. Im Folgenden die Einschätzungen aus berufenem Munde. Die Vitae der Befragten finden Sie wieder am Ende des Buchs.

Dr. Ralf Belusa
MANAGING DIRECTOR BEI HAPAG-LLOYD

„Um Unternehmen völlig neue Spielräume zu eröffnen und um die Zukunft erfolgreich zu gestalten, benötigt es an der Unternehmensspitze kontinuierlich frischen Wind und auch sicherlich mehr Sauerstoff. Das neue Mantra ist: A level playing field for all! Natürlich auch an der Unternehmensspitze. Neue Formen des Umgangs miteinander sind erforderlich. Gerade in Zeiten der digitalen Transformation werden die digitalen Soft Skills immer wichtiger. Collaboration und Creativity. Lösungsorientierung und offene Kultur. Und das geht nur als Team. Natürlich unabhängig vom Geschlecht. Unternehmen sollten alle Mitarbeiter persönlich stärken, um ihre persönliche Weiterentwicklung zu fördern. Auf allen Ebenen. Denn damit eröffnen sich völlig neue Spielräume und mehr positives Wachstum." ∎

Wybcke Meier
VORSITZENDE DER GESCHÄFTSFÜHRUNG
VON TUI CRUISES

„Eine gute Vernetzung ist im Topmanagement ebenso wichtig wie Offenheit für Neues und die Bereitschaft, Verantwortung zu übernehmen. Dazu gehört auch, mal Mut zur Lücke zu haben, wenn es darum geht, sich auf fachlich unbekannteres Terrain zu begeben. Hier scheitern Frauen immer noch eher an ihren eigenen Ansprüchen als an einem zu stark männlich geprägten Umfeld. Die Basis zu schaffen, dass Frauen und Männer gleichermaßen Verantwortung übernehmen können, ist natürlich zum einen Aufgabe der Unternehmen, aber auch der Gesellschaft, wenn es um die Wahrnehmung von Rollenmodellen in der Familie geht." ∎

Prof. Manuela Rousseau
STELLVERTRETENDE AUFSICHTS-RATSVORSITZENDE DER BEIERSDORF AG

„Die Luft ist dünn an der Spitze von Wirt-
schaftsunternehmen, das gilt für Männer und
für Frauen. Von den meisten Vorständen und
Führungskräften wird erwartet, dass sie mehr
oder weniger permanent erreichbar sind und
vollen Einsatz bringen. Sie stehen dabei gewal-
tig unter dem Druck der Aktionäre, Analysten
oder Inhaber. Frauen stellen sich häufiger als
Männer die Frage: Bin ich bereit, einen so ho-
hen Preis zu zahlen? Dass Frauen keine Führungspositionen anstreben,
ist ein Vorurteil. Frauen wollen mehr Verantwortung in Spitzenpositionen übernehmen, aber nach Regeln, die ihnen Flexibilität bieten und
weder die Selbstaufgabe abverlangt oder den Job über die Familie zu
stellen. Damit stehen Frauen nicht allein da, auch Männer wollen ihr Leben facettenreicher gestalten, sich nicht vorrangig der Ökonomisierung
des Lebens unterwerfen. Tatsache ist, die Luft an der Spitze ist dünn, es
kann schnell zu ‚dicker Luft' führen, wenn bestehende Regeln infrage
gestellt werden oder an den Gitterstäben des bestehenden Systems ge-
rüttelt wird. Die Entscheidung hängt damit nicht vom Wollen oder vom
Können weiblicher Talente ab, sondern von tradierten Stereotypen, die
verhindern, dass sie ihr Wissen in Spitzenpositionen erfolgreich einbringen." ∎

Petra von Strombeck
CEO NEW WORK SE (FRÜHER: XING)

„Die Luft ist dünn, das gilt aber für alle, die es dorthin zieht. Ich denke nicht die ganze Zeit darüber nach, dass ich zu den wenigen Frauen zähle, die an der Spitze eines bekannten börsennotierten Unternehmens in Deutschland stehen und empfinde mich auch nicht als Exotin. Das ist ein Vorteil, denn ich eifere dadurch keinem fremden Ideal nach und agiere nicht als ‚Frau unter Männern' – ich verstelle mich nicht, sondern tue das, was ich für richtig halte und mir Spaß macht, und ich habe gelernt, meine Leistung nicht unter den Teppich zu kehren. Wenn ich mit meiner Art und Haltung ‚Role Model' für andere sein kann – umso besser, denn: ‚Das' Rezept für eine erfolgreiche Karriere als Frau gibt es nicht.

Was mich allerdings bewegt, ist die Frage nach echter Diversität und diese beschränkt sich nicht auf das Gender-Thema. Es geht darum, wie wir es schaffen, dass Menschen unterschiedlicher Herkunft, Erfahrung, Alters, Bildungsschichten, Lebenswirklichkeiten starke Teams bilden können, wie wir unsere Unterschiedlichkeiten nutzen, um unser aller Perspektive zu weiten und in positive Energie zu wandeln. Allerorten höre ich die gleichen Forderungen nach unkonventionellen Ideen und Perspektiven, nach diversen Teams für mehr Innovation, die wir dringend brauchen – doch übrig bleibt nicht mehr, als ein flotter Spruch. Denn die offenen Stellen werden schließlich doch wieder mit den immer gleichen Managertypen besetzt.

Diversität ist mehr als die Chancengleichheit von Frau und Mann. Diversität erfordert eine nachhaltige Veränderung des Denkens und Handelns derjenigen, die wir ‚Entscheider' nennen, aber auch jedes Einzelnen. Ich finde: Es ist jetzt die Zeit dafür." ▌

ZUM SCHLUSS

> „Die Freiheit wird einem nicht gegeben, man muss sie sich nehmen."

Meret Oppenheim

In der Schlussphase der Arbeit an diesem Buch stehe ich einer Wirtschaftsjournalistin für ein Telefoninterview zur Verfügung. Ich arbeite an diesem Tag von zu Hause aus. Während des Gesprächs fängt mein Mann im Hintergrund an, die Spülmaschine auszuräumen. Ich bitte ihn, „Could you please take care of the dishes after I am done with my call?" Anschließend entschuldige ich mich bei der Journalistin für die Unterbrechung. Sie – vorher ganz professionell und eher distanziert – entgegnet fast empört: „Frau Probert! Wie können Sie Ihren Mann daran hindern, die Spülmaschine auszuräumen? Seien Sie doch froh, dass er das überhaupt macht!" Ich kontere: „Erst, wenn wir dafür nicht mehr dankbar sein müssen, haben wir in Deutschland echte Gleichberechtigung erreicht. Oder auch nicht, denn mein Mann ist Amerikaner." Wir lachen und machen mit dem Interview weiter.

Wie weit wir noch von wirklicher Gleichstellung entfernt sind, offenbart sich mitunter in solchen Kleinigkeiten. Und wir Frauen sind keineswegs dagegen gefeit, männlichen und weiblichen Stereotypen auf den Leim zu gehen und beispielsweise männliche Hilfe im Haushalt als besonders lobenswert zu betrachten. Es gibt noch viel zu tun, bis traditionelle Denkmuster ihre Wirksamkeit verlieren und beide Geschlechter tatsächlich dieselben Chancen und Möglichkeiten haben. Ich beame mich für einen Moment ins Jahr 2040 … . Längst sind Frauen auf der Vorstandsetage ebenso selbstverständlich wie ihre männlichen Kollegen. Wirtschaftshistorikerinnen und -historiker blicken belustigt in die Zwanzigerjahre zurück, in denen jede Frau an der Spitze eines großen Unternehmens in der Presse als eine Sensation gehandelt wurde. Kindererziehung wird paritätisch geteilt, und dass es einst zwei magere „Vätermonate" gab und fast nur Frauen wegen der Kinder Teilzeit arbeiteten, können junge Nachwuchskräfte kaum glauben: Das haben sich die Frauen gefallen lassen?! Obwohl – ihre Mütter und Tanten berichten ja auch von frauenfeindlichen Sprüchen, die sie sich anhören mussten, manchmal sogar unter dem Gelächter der versammelten männlichen Kollegen. Nicht, dass es keine blöden Sprüche mehr gäbe. Aber sie sind selten, und der Urheber manövriert sich damit selbst ins Abseits, ob Mann oder Frau. Die gesetzlich verpflichtende paritätische Geschlechterquote für Aufsichtsräte, Vorstände und auch für Führungskräfte ab dem Mittelmanagement, die zum 1.1.2025 gegen enorme Widerstände eingeführt wurde, konnte bereits ein Jahrzehnt später wieder aufgehoben werden: So selbstverständlich waren Chefinnen auf allen Unternehmensetagen binnen kurzer Zeit geworden und so bereitwillig hatten Männer vermeintliche Frauenjobs (etwa in den Bereichen Bildung und Erziehung, Pflege und Soziales) übernommen. Dabei hatte mancher Wirtschaftsweise desaströse Folgen prophezeit, und an der Börse gab es einen „schwarzen Mittwoch", als das Gesetz nach dem Bundestag im September 2024 auch den Bundesrat passierte. Die Schwarzmalerei wurde rasch ad absurdum geführt – es sollten jene Recht behalten, die mehr Diversität in den Führungsetagen schon seit vielen Jahren als Schlüssel zu wirtschaftlicher Prosperität sahen … .

Noch ist all das kaum mehr als ein Wunschtraum. Aber wir alle – Frauen und Männer, Unternehmerinnen und Unternehmer, Chefinnen und Chefs, Politikerinnen und Politiker, Wissenschaftlerinnen und Wissenschaftler – können Tag für Tag daran arbeiten, dass diese Utopie Wirklichkeit wird. Machen wir uns nichts vor: Das wird nur funktionieren, wenn vor allem wir Frauen energisch für unsere Interessen kämpfen. Dazu gehört, dass wir mutig sind und uns etwas zutrauen. Dass wir mit Gegenwind rechnen und uns dadurch nicht dauerhaft ausbremsen lassen, sondern hartnäckig und souverän unseren Weg gehen. Dabei wiederum helfen zwei Grundvoraussetzungen: Suchen wir uns Lebenspartner, die unsere Karrierepläne uneingeschränkt unterstützen und mittragen. Und vernetzen wir uns aktiv mit anderen Frauen, die in einer ähnlichen Position sind, unsere Ambitionen teilen oder selbst schon in die Tat umgesetzt haben. Jammern wir nicht über die Seilschaften der Männer, schmieden wir eigene Bündnisse – untereinander, aber auch mit fortschrittlichen Männern. Denn ohne sie wird gleichberechtigte Teilhabe an der Macht genauso wenig funktionieren wie ohne mutige Frauen, die vorangehen. Dabei wünsche ich uns allen eine glückliche Hand und gebührenden Erfolg!

Ihre Frederike Probert

DANK

EIN BUCH IST EIN KRAFTAKT, DER OHNE DIE UNTERSTÜTZUNG ZAHLREICHER MENSCHEN UNMÖGLICH IST.

Ich danke von Herzen …
… den aktiven Mitgliedern und Powerfrauen des *Mission Female*-Netzwerks, die jeden Tag aufs Neue beweisen, dass wir nur gemeinsam beruflich weiter vorankommen und Erfolge verzeichnen können – ganz im Sinne unseres Mottos #strongertogether.

… den Beiträgerinnen und Beiträgern in diesem Buch für ihre persönlichen Geschichten, Einsichten und ehrlichen Ansichten – Impulse, die den Blick auf das Thema entscheidend bereichern.

… den großartigen Frauen, die mich in meiner Karriere als Chefinnen unterstützt haben und zeigen, dass sie keine „Bienenköniginnen" sind – allen voran: Marianne, Martina, Dorothee und Denise.

… den großartigen Männern, die mich ebenfalls bestärkten und für mich wahre „Sheros" sind: Dirk (mein Mentor der ersten Stunde), Philip, Ralf, Torsten und viele mehr.

… meinem Mann, der mich immer in meiner Karriere unterstützt, Aufgabenteilung und Gleichberechtigung als selbstverständlich ansieht und mir den letzten Zweifel nimmt, meinen eigenen Weg erfolgreich gehen zu können – vielleicht, weil er als US-Amerikaner einfach ein unverkrampftes Verhältnis zum Thema „Frau und Karriere" hat?

… meiner Freundin Julia, die mich seit meinem allerersten Job begleitet und mir immer wieder zeigt, wie Seilschaften unter Frauen wirklich funktionieren.

… meinen Eltern, die mich immer unterstützt und nie in Frage gestellt haben, ob ich den richtigen Weg einschlage.

… Frau Dr. Petra Begemann, die als Buchcoach und Sparringspartnerin meine praktischen Erfahrungen, Gedanken und teilweise unglaublichen Anekdoten kongenial zu diesem Buch verarbeitet hat.

… dem Verlag *Frankfurter Allgemeine Buch*, der offen für mein Anliegen war und es engagiert begleitet hat – insbesondere Bianca Labitzke, Katharina Petry, Christina Kunert und Wolfgang Barus.

Und – last, but not least:
Ich danke meinem Hund Fiete, ohne den ich mich nicht getraut hätte, ein Jahr alleine über 50.000 km im Camper durch Europa zu fahren und meinen persönlichen Weg mit *Mission Female* zu finden.

VITAE DIE INTERVIEWPARTNER/ INNEN UND BEITRÄGER/INNEN

 **Susanne Aigner** verantwortet als Geschäftsführerin *Discovery* Deutschland, Österreich und Schweiz die Sender *DMAX*, *TLC*, *Home & Garden TV*, *Eurosport 1*, *Discovery Channel*, *Animal Planet* und *Eurosport 2*. Die studierte Kommunikationswissenschaftlerin arbeitet seit 2006 für das TV-Unternehmen mit Sitz in München. Bevor sie im Mai 2011 in die Geschäftsführung berufen wurde, verantwortete sie fünf Jahre lang die Werbezeitenvermarktung von *DMAX*. Vor ihrer Tätigkeit für *Discovery* war sie unter anderem Bereichsleiterin Marketing und Vertrieb bei *Sport 1* (ehemals *DSF*) und Geschäftsführerin der Mediaagentur *Media Plan*.

 **Anna Alex** ist in Berlin ansässige Unternehmerin und startete ihre Karriere im Start-up-Inkubator *Rocket Internet*. Sie hat u. a. den Personal Shopping Service *OUTFITTERY* erfolgreich aufgebaut. Im Sommer 2019 trat Anna Alex den „Leaders for Climate Action" bei, einer Klimaschutzinitiative, die von mehr als 100 digitalen Unternehmern in Deutschland ins Leben gerufen wurde. Anfang 2020 gründete sie ihr neues Unternehmen *www.planetly.org*, das sich ausschließlich dem Klimaschutz widmet. Anna wurde zu Europa's „Inspiring Fifty", den „inspirierendsten Frauen in der Technik" und „Junge Elite – Top 40 unter 40" gewählt.

Seit 2001 ist **Dorothee Bär** Mitglied im CSU-Parteivorstand und wurde bei der Bundestagswahl 2002 in den Deutschen Bundestag gewählt, ab 2009 dann direkt. Sie war stellvertretende Generalsekretärin der CSU und für die gesamte CDU/CSU-Bundestagsfraktion familienpolitische Sprecherin, anschließend Staatssekretärin beim Bundesminister für Verkehr und digitale Infrastruktur. Seit 2017 ist sie stellvertretende Parteivorsitzende und seit 2018 Staatsministerin für Digitalisierung im Bundeskanzleramt.

Dr. Ralf Belusa ist einer jener Vordenker und Macher, den heute alle Unternehmen in ihren Reihen wissen möchten: Er studierte Mikro- und Nanotechnologie, beschäftigt sich mit Astrophysik, promovierte in der Zellforschung, fing mit sechs Jahren zu programmieren an und sitzt heute u. a. im Aufsichtsrat eines Fortune Global 500 Unternehmens. Ralf ist zudem Managing Director bei *Hapag-Lloyd* und steuert zusammen mit seinen Teams das Logistik-Dickschiff in 144 Ländern in die digitale Zukunft und sorgt derzeit für einen der spannendsten Transformationserfolge in der Industrie weltweit.

Gaby Gaßmann wurde zur Unternehmerin geboren. Sie wuchs in Niedersachsen in einem großen Familienunternehmen auf. Nach Abschluss einer Banklehre sowie ihres BWL-Studiums entschied sie sich erstmal für den Weg in eine Berliner Werbeagentur. Seit 2001 entwickelt die Powerfrau nun in der Geschäftsführung von *MAGNUS Mineralbrunnen* die Ausrichtung des Unternehmens und ist inzwischen auch alleinige Inhaberin. Durch ihre kreativen Ideen ist es gelungen, mit *MAGNUS* einen kontinuierlichen Wachstumspfad zu beschreiten.

 **Jan Ising** ist Managing Director für Life Sciences beim Beratungsunternehmen *Accenture* in den deutschsprachigen Ländern und außerdem Leiter der lokalen Women Initiative. Mit viel Begeisterung und Engagement setzt er sich für eine nachhaltige Frauenförderung als Teil der Unternehmenskultur und für die Gleichstellung von Frau und Mann bei *Accenture* ein. Dies geschieht aus der Überzeugung heraus, dass Vielfalt Innovation und Kreativität befeuert. Auch wenn Vielfalt mehr ist als nur das Geschlecht – für ihn bleibt Gender Diversity auf lange Sicht relevant.

 **Stefanie Kuhnhen** verantwortet als Geschäftsführerin das strategische Produktportfolio von *Grabarz & Partner*, einer der führenden kreativen Markenagenturen Deutschlands. Ihre Kernexpertise liegt im Communication Planning und in der Markenführung. Mit über 20 Jahren Praxiserfahrung hat sie ein umfangreiches Fachwissen im Aufbau von Marken wie *EDEKA*, *IKEA*, *Volkswagen* oder *Burger King* erworben – durch visionäres Denken, Branding- und Kommunikationsstrategien oder ganzheitliche Markenimplementierung. Kuhnhen hat BWL studiert sowie einen Master of International Business in Sydney erworben. Im Frühjahr 2018 hat sie ihr erstes Buch „Das Ende der unvereinbaren Gegensätze" publiziert.

 **Wybcke Meier** ist seit dem 1. Oktober 2014 Vorsitzende der Geschäftsführung von *TUI Cruises*. Ihre Karriere startete die gelernte Reiseverkehrskauffrau bei dem Touristikunternehmen *Fischer Reisen*. Im Jahr 2000 wechselte Meier dann zum Reiseshopping-Kanal „*Via 1 – Schöner Reisen*" nach Hamburg und

leitete dort zwei Jahre lang den Vertrieb. Anschließend folgte sie dem Ruf des Reiseveranstalters *Öger Tours* und verantwortete dort acht Jahre lang u. a. als Prokuristin und Mitglied der Geschäftsführung die Bereiche Marketing und Vertrieb. Zuletzt war Wybcke Meier bei *Windrose Finest Travel* und *OFT* als Geschäftsführerin tätig.

 **Philip Missler** ist Country Manager DACH & Nordics bei *Pinterest* und für den Aufbau des Anzeigengeschäfts verantwortlich. Seit 2014 war er Managing Director von *Amazon Advertising* in Deutschland und Italien und verantwortete das dortige schnelle Wachstum des Werbegeschäfts. Zuvor war Philip CEO von *InteractiveMedia CCSP (Deutsche Telekom Gruppe)*, Vorsitzender des Aufsichtsrats von *Xplosion Interactive* und führte das Business Development der Digitalgeschäfte der *Deutschen Telekom*. Philip begann seine Karriere als Softwareentwickler, gründete 1998 ein Start-up und übernahm in der Folge Führungspositionen bei *McCann Erickson* und bei *eBay Classifieds*.

 **Antje Neubauer** war bis September 2019 CMO der *Deutschen Bahn*. In dieser Funktion fusionierte sie Marketing und PR und richtete den neu geschaffenen Bereich zukunftsfähig aus. Zuvor verantwortete sie die PR der *DB* und leitete als SVP die weltweite Kommunikation von *DB Schenker*. Sie begann ihre berufliche Laufbahn bei *RWE Telliance*, verantwortete ab 2000 die Konzernkommunikation der *Berlinwasser Gruppe*, arbeitete anschließend für *RWE Thames Water*. Sie war über viele Jahre Mitglied im Aufsichtsrat der *Schenker AG* und von *DB Vertrieb*. 2018 wurde sie im Rahmen der PR Report Awards als „Kommunikatorin des Jahres" ausgezeichnet.

 **Dr. Katarzyna Mol-Wolf** ist geschäftsführende Gesellschafterin *INSPIRING NETWORK* und Editorial Director von *EMOTION*, außerdem *FAZ*-Aufsichtsratsmitglied. Vor knapp zehn Jahren gründete Dr. Katarzyna Mol-Wolf den Hamburger Verlag *INSPIRING NETWORK*. Seitdem leitet die 45-Jährige als geschäftsführende Gesellschafterin das mittelständische Medienunternehmen. Im Oktober 2019 ist ihr zweites Buch „Du hast die Power!" (Ariston) erschienen, in welchem sie über den Kauf der Emotion und die Gründung des *INSPIRING NETWORKs* erzählt.

 **Tina Müller** ist seit November 2017 Vorsitzende der Geschäftsführung (CEO) der *Douglas GmbH*. Zuvor verantwortete sie als Geschäftsführerin Marketing und Chief Marketing Officer (CMO) der *Opel Automobile GmbH* vier Jahre lang die gesamte strategische Marken- und Produktführung des Automobilherstellers. Tina Müller hat über 20 Jahre Erfahrung in der Kosmetikbranche. Sie arbeitete für Marken wie *L'Oréal* und *Wella* und war bei der *Henkel KGaA* 17 Jahre lang im Unternehmensbereich Beauty Care tätig – unter anderem als Global Chief Marketing Officer (CMO) und zuletzt als Corporate Senior Vice President für die Region Westeuropa.

 **Prof. Manuela Rousseau** ist stellvertretende Aufsichtsratsvorsitzende der *Beiersdorf AG*, Mitglied im Aufsichtsrat *maxingvest AG*, Professorin an der Hochschule für Kunst und Theater, Hamburg. 1999 Auszeichnung mit der Bundesverdienstmedaille für ihr ehrenamtliches Engagement, 2002 unter den 100 Top-Business-Frauen in Deutschland in der *VOGUE*, 2008 im Finale des Emotion Award 2018 in der Kategorie „Frauen in Führung", 2019 Buchveröffentlichung „Wir brauchen Frauen, die sich trauen" (Ariston).

Maria Gräfin von Scheel-Plessen ist Global Head of Media and Advertisement bei dem Hamburger Unternehmen *Montblanc* und verantwortet alle Media Kanäle für 22 Märkte. Zuvor war sie bei Techfirmen wie *Google* und *Amazon* so wie bei *Zalando* in Singapur tätig und hat dort die Marketingkommunikation für Südostasien geleitet. Maria ist Expertin in den Themen Digitale Transformation und Digitalisierung der Luxusindustrie und ist hierzu international als Speakerin auf Konferenzen wie dem Mobile World Congress in Barcelona vertreten.

Marianne Stroehmann ist Director bei der *Google Deutschland GmbH* und Mitglied des DACH & Eastern Europe (CEE) Management Teams. Sie leitet die Geschäftsentwicklung von *Google* in den Industrien Touristik, Telekommunikation & Financial Services. Zuvor war sie Geschäftsführerin der *Interactive Media CCSP Gmb*H – *Deutsche Telekom Group* und Geschäftsführerin der *AOL Deutschland GmbH & Co KG*. Marianne Stroehmann arbeitet seit 1998 in der digitalen Branche. Stroehmann erwarb ihren Master of Science in Economics und Business Administration an der Copenhagen Business School in ihrer Heimatstadt Kopenhagen in Dänemark.

Seit Mai 2020 ist **Petra von Strombeck** Vorstandsvorsitzende der *NEW WORK SE* (vormals *XING SE*). Zuletzt war die 50-Jährige für acht Jahre CEO der *Lotto24 AG*, davor führte sie unter anderem die Geschäfte einer Tochtergesellschaft von *Tchibo* und leitete den Bereich E-Commerce bei *Tchibo Direct*. Die Diplom-Kauffrau studierte Betriebswirtschaftslehre an der École des Affaires (heute ESCP) in Paris, Oxford und Berlin.

LITERATUR-
VERZEICHNIS

ALLBRIGHT STIFTUNG: Die Macht der Monokultur: Erst wenigen Börsenunternehmen gelingt Vielfalt in der Führung (= AllBright Bericht September 2018); Download unter https://www.allbright-stiftung. de/allbright-berichte

ALLBRIGHT STIFTUNG: Die Macht hinter den Kulissen: Warum Aufsichtsräte keine Frauen in die Vorstände bringen (= AllBright Bericht April 2019); Download unter https://www.allbright-stiftung.de/ allbright-berichte

ALLBRIGHT STIFTUNG: Entwicklungsland: Deutsche Konzerne entdecken erst jetzt Frauen für die Führung (= Allbright Bericht September 2019); Download unter https://www.allbright-stiftung.de/ allbright-berichte

ARENBERG, PETRA: „Mythos Diversity: Welche Risiken oft verkannt werden", in: Personalmagazin 2/2018; im Internet unter https://www.haufe.de/personal/ hr-management/chancen-und-risiken-beim-diversity-management_80_440198.html

ASSIG, DOROTHEA/ECHTER, DOROTHEE: Ambition. Wie große Karrieren gelingen. Frankfurt: Campus Verlag 2012.

BÄCK, KARIN: Frauen am Schalthebel. Internationale Top-Karrieren in Industrie, Finanzen und Wissenschaft. Köln: edition career-women 2016.

BALZER, ARNO/GATERMANN, MICHAEL: „Erbarmungslos", in: Bilanz Juli 2014, S. 18ff.; im Internet unter http://www.welt.de/bin/BILANZ_07-129733568.pdf

BARTZ, TIM, DECKSTEIN, DINAH/DOHMEN, FRANK/GNIRKE, KRISTINA/HAGE, SIMON/HESSE, MARTIN: „Kontrollverlust", in: Der Spiegel Nr. 6 vom 01.02.2020, S. 64 ff.

BEEKHUIS, ANKE VAN: Wettbewerbsvorteil Gender Balance. Wie Unternehmen durch Geschlechterausgewogenheit erfolgreicher wirtschaften. Offenbach: Gabal Verlag 2019.

BIERMANN, KAI/GEISLER, ASTRID/POLKE-MAJEWSKI, KARSTEN/VENOHR, SASCHA: „Die Hans-Bremse"; in: Die Zeit vom 08.10.2018, im Internet unter https://www.zeit.de/politik/ deutschland/2018-09/gleichberechtigung-frauen-diskriminierung-fuehrungspositionen-ministerien

BOHNET, IRIS: What works. Wie Verhaltensdesign die Gleichstellung revolutionieren kann. München: C.H. Beck Verlag 2017.

BREUER, INGEBORG: „Moderne Familien nur im Kopf" (Beitrag im Deutschlandfunk); im Internet unter https://www.deutschlandfunk.de/geschlechtergleichheit-moderne-familien-nur-im-kopf.1148.de. html?dram:article_id=386482

BUCHHORN, EVA: „Top-Frauen: Griff nach der Macht", in: Manager Magazin Januar 2020, S. 87ff.

BUND, KERSTIN: „Frau. Vorstand. Abgehängt.", in: Die Zeit vom 13.12.2014; im Internet unter https://www.zeit.de/2014/49/fuehrung-frauen-im-vorstand

BUND, KERSTIN/GEISLER, ASTRID/KUNZE, ANNA/VENOHR, SASCHA: „Was Frauen im Job erleben", in: Die Zeit vom 14.08.2019; im Internet unter https://www.zeit.de/2019/34/diskriminierung-arbeitsplatz-frauen-job-sexismus-gleichberechtigung

BUNDESAGENTUR FÜR ARBEIT: Die Arbeitsmarktsituation von Frauen und Männern 2018 (= Blickpunkt Arbeitsmarkt Juli 2019); Download unter https://statistik.arbeitsagentur.de/Statischer-Content/ Arbeitsmarktberichte/Personengruppen/generische-Publikationen/Frauen-Maenner-Arbeitsmarkt.pdf

BUNDESMINISTERIUMS FÜR FAMILIE, SENIOREN, FRAUEN UND JUGEND (HRSG.): Frauen in Führungspositionen. Barrieren und Brücken (in Zusammenarbeit mit Sinus Sociovision), Berlin, 6. Aufl. 2014; Download unter https://www.bmfsfj.de/blob/93874/7d4e27d960b7f7d5c52340efc139b662/frauen-in-fuehrungspositionen-deutsch-data.pdf

BUNDESWEITE GRÜNDERINNENAGENTUR (BGA) (HRSG.): Gründerinnen und Unternehmerinnen in Deutschland – Daten und Fakten IV. Stuttgart 2015; Download unter https://www.existenzgruen-derinnen.de/SharedDocs/Downloads/DE/Publikationen/39-Gruenderinnen-Unternehmerinnen-Deutschland-Daten-Fakten-IV.pdf%3F__blob%3DpublicationFile

CRIADO-PEREZ, CAROLINE: Unsichtbare Frauen. Wie eine von Daten beherrschte Welt die Hälfte der Bevölkerung ignoriert. München: btb Verlag 2020.

DEHNER, ULRICH: „Machtspiele auf der Chefetage" (Teil I und II), in: The Board Room 13.07. und 27.07.2017; im Internet unter https://www.topmanager-blog.de/machtspiele-auf-der-chefetage-bewegen-sie-sich-im-haifischbecken/

DÜRRHOLZ, JOHANNA: „Um herauszufinden, ob ich Kinder kriegen soll, habe ich einen Fortpflanzungsgegner befragt und eine fünffache Mutter. Wie naiv – ich hätte einfach mit Freundinnen in meinem Alter reden sollen"; in: Frankfurter Allgemeine Sonntagszeitung vom 18.08.2019, S. 9f.

EDDING, CORNELIA: Vielfalt ins Topmanagement. Erfahrungen und Empfehlungen aus der Vorstandsetage. Gütersloh: Verlag Bertelsmann Stiftung 2017.

EY STUDENTENSTUDIE 2018: „In welche Branchen zieht es Studenten in Deutschland?"; Download unter https://www.ey.com/Publication/vwLUAssets/ey-studentenstudie-2018/$FILE/ey-studentenstudie-2018.pdf

FREITAG, LIN/WELP, CORNELIUS/KAMP, MATTHIAS: „Machtspiele: Wenn Manager über Leichen gehen", in: WirtschaftsWoche vom 21.03.2017; im Internet unter https://www.wiwo.de/erfolg/management/machtspiele-wenn-manager-ueber-leichen-gehen/19523318-all.html

FUNKEN, CHRISTIANE/HÖRLEIN, SINJE/ROGGE, JAN-CHRISTOPH: Generation 35 plus – Aufstieg oder Ausstieg? Hochqualifizierte und Führungskräfte in Wirtschaft und Wissenschaft. Technische Universität zu Berlin Okt. 2013, Download unter https://www.mgs.tu-berlin.de/fileadmin/i62/mgs/Generation35plus_ebook.pdf

GERSEMANN, OLAF/KAISER, TINA/MICHLER, INGA: „Was die Macht mit Frauen macht"; in: Welt vom 25.01.2016; im Internet unter https://www.welt.de/wirtschaft/karriere/article151419730/Was-die-Macht-mit-Frauen-macht.html

GÖDDERTZ, SILKE: „Genderspezifische Eigenschaften und Statements in Stellenausschreibungen"; in: PERSONALquarterly 1/2016, im Internet unter: https://www.haufe.de/personal/hr-management/genderspezifische-statements-in-stellenausschreibungen_80_337118.html

GREENE, ROBERT: Power. Die 48 Gesetze der Macht. München: dtv, 6. Aufl. 2006.

GUTENSOHN, DAVID: „Je höher Manager kommen, desto einsamer werden sie" (Interview mit dem Psychiater Christian Dogs), in: Die Zeit vom 27.12.2019; im Internet unter https://www.zeit.de/arbeit/2019-12/management-fuehrungsposition-mitarbeiter-isolation-psyche-christan-dogs

GOEUDEVERT, DANIEL: Wie ein Vogel im Aquarium. Aus dem Leben eines Managers. Berlin: Rowohlt Berlin Verlag 1996.

HAGELÜKEN, ALEXANDER: „Bundesagentur für Arbeit: Entlassung Holsboers sorgt für Zerwürfnis", in: Süddeutsche Zeitung vom 12.07.2019; im Internet unter https://www.sueddeutsche.de/wirtschaft/valerie-holsboer-arbeitsagentur-politik-1.4522351

HAWRANEK, DIETMAR/KURBJUWEIT, DIRK: „Wolfsburger Weltreich", in: Der Spiegel 34/2013, S. 59ff.

HEIN, THERESA: „Nennt uns gefälligst nicht ‚Prinzessin'!", in: Zeit online vom 30.08.2017; im Internet unter https://www.zeit.de/kultur/2017-08/diskriminierung-frauen-beruf-karriere-sexismus-10nach8

HERING SCHUPPENER (HRSG.): „Die Ausnahme, die Rabenmutter, die Kämpferin". Unbewusste Bias in der medialen Darstellung von Topmanagerinnen. Berlin/Düsseldorf/Frankfurt/Brüssel 2020.

HOFFMANN-PALOMINO, STEFANIE/KIRBACH, CHRISTINE/PRAETORIUS, BIANCA (HRSG.): Die Lean Back Perspektive. Leadership heute – 42 Wege erfolgreicher Frauen. Wiesbaden: Springer Fachmedien 2017.

HOFFNER, NATASCHA: „Frauen gründen anders – weil sie es müssen" (2019); im Internet unter https://www.her-career.com/frauen-gruenden-anders/

HÜNNINGHAUS, ANNE: „Wie zeitgemäß sind Frauennetzwerke heute noch?", in: Pressesprecher – Magazin für Kommunikation, im Internet unter https://www.pressesprecher.com/nachrichten/solidaritaet-schwester-2014883875

JANISCH, WOLFGANG: „Leo Kirch und die Deutsche Bank: Der letzte Vorhang", in: Süddeutsche Zeitung vom 22.10.2019; im Internet unter https://www.sueddeutsche.de/wirtschaft/deutsche-bank-kirch-breuer-ackermann-fitschen-1.4649553

JIMÉNEZ, FANNY: „Warum radikal rücksichtslose Menschen weiter kommen", in: Welt vom 07.12.2015; im Internet unter https://www.welt.de/wissenschaft/article149692971/Warum-radikal-ruecksichtlose-Menschen-weiter-kommen.html

KASTEIN, JULIA: „#MeToo-Bewegung: Frauen haben es jetzt noch schwerer"; Tagesschau vom 18.09.2019; im Internet unter https://www.tagesschau.de/ausland/me-too-backlash-101.html

KLOEPFER, INGE: „Frauen, lasst die Teilzeit bleiben!"; in: Frankfurter Allgemeine Sonntagszeitung vom 06.01.2019, S. 19.

KONTIO, CARINA: „Die Top-Etagen deutscher Konzerne bleiben eine Männerdomäne", in: Handelsblatt vom 23.09.2019; im Internet unter https://www.handelsblatt.com/unternehmen/beruf-und-buero/the_shift/allbright-bericht-die-top-etagen-deutscher-konzerne-bleiben-eine-maennerdoma-ene/25028358.html?ticket=ST-1944763-PhGhIzct9kpncRQGDt5K-ap6

KUNZE, ANNE: „Skandal ohne Ende", in: Zeit online vom 22.03.2019; im Internet unter https://www.zeit.de/arbeit/2019-03/gleichberechtigung-frauen-muetter-bezahlung-befoerderung-gleichstellung

LÖHR, JULIA: „Frauenförderung hat ihre Gefahren", in: Frankfurter Allgemeine Zeitung vom 13.01.2016, im Internet unter https://www.faz.net/aktuell/wirtschaft/menschen-wirtschaft/diversi-ty-frauenfoerderung-hat-ihre-gefahren-14008006.html

MCKINSEY & COMPANY: Women Matter. Time to Accelerate – Ten Years of Insights into Gender Diversity; Download unter https://www.mckinsey.com/featured-insights/gender-equality/women-matter-ten-years-of-insights-on-gender-diversity

MCKINSEY & COMPANY/LEAN IN: Women in the Workplace 2018 (= 2018 a); Download unter http://leaninsingapore.com/content/uploads/Women_in_the_Workplace_20181.pdf

MCKINSEY & COMPANY: Delivering through Diversity (Report January 2018) (=2018 b); Download unter https://www.mckinsey.com/business-functions/organization/our-insights/delivering-through-diversity

MCKINSEY & COMPANY: Women in the Workplace 2019 (October 2019); Download unter https://www.mckinsey.com/~/media/McKinsey/Featured%20Insights/Gender%20Equality/Women%20in%20the%20Workplace%202019/Women-in-the-workplace-2019.ashx

KÖHLER, WIEBKE: Schach der Dame! Was Frau (und Mann) über Machtspiele im Management wissen sollte. Norderstedt: Books on Demand 2019.

KREMER, DENNIS/MECK, GEORG: „Der Chef darf keine Freunde haben" (Interview mit Bernd Scheifele von Heidelberg-Cement), in: Frankfurter Allgemeine Sonntagszeitung vom 19.01.2020, S. 21.

LAUDENBACH, PETER: „Zukunft des Personalmanagements: Die Ohnmächtigen", in: brand eins 03/2015; im Internet unter https://www.brandeins.de/magazine/brand-eins-wirtschaftsmagazin/2015/fuehrung/die-ohnmaechtigen

LIERMANN, SANDRA: „Genderforscherin: ‚Männlichkeit ist erklärungsbedürftig'" (Interview mit Prof. Dr. Paula-Irene Villa Braslavsky), in: Augsburger Allgemeine vom 19.11.2019; im Internet unter https://www.augsburger-allgemeine.de/wissenschaft/Genderforscherin-Maennlichkeit-ist-erklaerungsbeduerftig-id56009346.html

MAI, JOCHEN: „Personal Branding: Karriere per Eigenmarke" (24.05.2019), in: Karrierebibel; im Internet unter https://karrierebibel.de/personal-branding/

MODLER, PETER: Die freundliche Feindin. Weibliche Machtstrategien im Beruf. München: Piper Verlag 2017.

NEUBERGER, OSWALD: Führen und führen lassen. Ansätze, Ergebnisse und Kritik der Führungsforschung. 6., völlig neu bearbeitet und erweiterte Auflage, Stuttgart: Lucius & Lucius Verlag 2002.

NIERMEYER, RAINER: Mythos Authentizität. Die Kunst, die richtigen Führungsrollen zu spielen. Frankfurt: Campus Verlag 2008.

NITZSCHE, ISABEL: „Die Bedeutung des Privaten: Unglückliche Partnerwahl für die Karriere" (Interview mit Professorin Melanie Steffens), in: Wirtschaftspsychologie aktuell, 25.04. 2017; im Internet unter https://www.wirtschaftspsychologie-aktuell.de/frauen-und-karriere/frauen-und-karriere-20170425-isabel-nitzsche-die-bedeutung-des-privaten.html

NITZSCHE, ISABEL: „Vorurteile gegen Frauen in Führungspositionen sind weiterverbreitet als vermutet" (Interview mit Dr. Adrian Hoffmann), in: Wirtschaftspsychologie aktuell, 10.01.2019; im Internet unter https://www.wirtschaftspsychologie-aktuell.de/frauen-und-karriere/frauen-und-karriere-20190110-isabel-nitzsche-vorurteile-gegen-frauen-in-fuehrungspositionen-sind-weiterverbreitet-als-vermutet.html

PIEPER, DIETMAR/KOLLENBROICH, BRITTA: „Beschlüsse fallen hier nicht in der Sauna" (Spiegel-Gespräch mit der finnischen Ministerpräsidentin Sanna Marin), in: Der Spiegel Nr. 8 vom 15.02.2020, S. 84ff.

RÖVEKAMP, MARIE: „Weiter Unruhe in der Arbeitsagentur: Jetzt tritt der Aufseher Peter Clever zurück", in: Der Tagesspiegel vom 16.07.2019; im Internet unter https://www.tagesspiegel.de/wirtschaft/weiter-unruhe-in-der-arbeitsagentur-jetzt-tritt-der-aufseher-peter-clever-zurueck/24597458.html

ROHRMANN, SONJA: „Impostor-Syndrome: Erfolgreich mit Selbstzweifeln" (Interview vom 15.08.2019); im Internet unter https://www.hogrefe.de/themen/im-fokus/impostor-selbstkonzept

ROUSSEAU, MANUELA: Wir brauchen Frauen, die sich trauen. Mein ungewöhnlicher Weg bis in den Aufsichtsrat eines Dax-Konzerns. München: Ariston Verlag 2019.

RUDZIO, KOLJA: „Ein Kind von Apple", in: Die Zeit vom 23.10.2014; im Internet unter https://www.zeit.de/2014/44/egg-social-freezing-apple-facebook-eizellen

SCHWÄR, HANNAH/FREYTAG, CAROLIN: „Wir haben Managerinnen gefragt, worauf es auf dem Weg in die Chefetage ankommt — das sind ihre Tipps", in: Businessinsider vom 19.12.2018; im Internet unter https://www.businessinsider.de/wir-haben-managerinnen-gefragt-worauf-es-auf-dem-weg-in-die-chefetage-ankommt-das-sind-ihre-tipps-2018-12

SANDBERG, SHERYL: Lean in. Frauen und der Wille zum Erfolg. Berlin: Econ Verlag, 3. Aufl. 2013.

SCHAAF, JULIA: „Selbstzweifel: Bin ich gut genug?", in: Frankfurter Allgemeine Sonntagszeitung vom 21.06.2014; im Internet unter https://www.faz.net/aktuell/stil/leib-seele/frauen-leiden-haeufiger-unter-selbstzweifeln-als-maenner-13002658.html

SCHIESSL, MICHAELA: „Miststück werden"; in: Der Spiegel Nr. 33 vom 10.08.2019; S. 61.

SCHMERMUND, KATRIN: „Die gläserne Decke verschwindet nicht durch Stimmtraining" (Interview mit Ute Symanski vom 08.03.2019); im Internet unter https://www.forschung-und-lehre.de/karriere/die-glaeserne-decke-verschwindet-nicht-durch-stimmtraining-1581

SCHRÖDER, MIRIAM: „Die Seilschaften in deutschen Konzernen bleiben männlich", in: Handelsblatt vom 07.04.2019; im Internet unter https://www.handelsblatt.com/unternehmen/beruf-und-buero/the_shift/frauenquote-die-seilschaften-in-deutschen-konzernen-bleiben-maennlich/24186608.html?ticket=ST-3385733-sK6y2tjrFb7bEr9D4DIJ-ap5

SCHWARZINGER, DOMINIK: „Die dunkle Triade der Persönlichkeit im Berufskontext"; im Internet unter https://www.hogrefe.de/themen/human-resources/artikeldetailansicht/Die%20dunkle%20Triade%20der%20Pers%C3%B6nlichkeit%20im%20Berufskontext-80

STIFTUNG FAMILIENUNTERNEHMEN: Familienunternehmen als Arbeitgeber. Die Einstellungen und Erwartungen junger Fach- und Führungskräfte (in Zusammenarbeit mit der TU München). München 2018; im Internet unter https://www.familienunternehmen.de/media/public/pdf/publikationen-studien/studien/Die-Einstellungen-und-Erwartungen-junger-Fach-und-Fuehrungskraefte_Studie_Stiftung-Familienunternehmen.pdf

TAN, GILLIAN/PORZECANSKI, KATIA: "Wall Street Rule for the #MeToo Era: Avoid Women at All Cost", Bloomberg Finance L.P. vom 03.12.2018; im Internet unter https://www.bloomberg.com/news/articles/2018-12-03/a-wall-street-rule-for-the-metoo-era-avoid-women-at-all-cost?utm_medium=social&utm_campaign=socialflow-organic&utm_content=business&cmpid=socialflow-facebook-business&utm_source=facebook&fbclid=IwAR1OwkJ0O690Gf4XScI0gpoD5rJIquiIeewS8kn9UO7FItTnGuCHRs1uPcM

TANNEN, DEBORAH: Du kannst mich einfach nicht verstehen. Warum Männer und Frauen aneinander vorbeireden. Frankfurt: Büchergilde Gutenberg 1991.

WEIGUNY, BETTINA: „Gescheiterte Vorstandsfrauen: Wurden sie in die Falle gelockt?", in: Frankfurter Allgemeine Sonntagszeitung vom 12.02.2015; im Internet unter https://www.faz.net/aktuell/karriere-hochschule/buero-co/frauen-im-vorstand-scheitern-haeufiger-als-maenner-13415920.html

WERNER, KATHRIN: „Mehr Frauen, mehr Gewinn", in: Süddeutsche Zeitung vom 22.09.2019; im Internet unter https://www.sueddeutsche.de/wirtschaft/studie-mehr-frauen-mehr-gewinn-1.4610955

WERRES, THOMAS: „Allein unter Memmen" (zu Martina Merz), in: Manager Magazin Januar 2020, S. 92ff.

WIPPERMANN, CARSTEN: Frauen in Führungspositionen. Barrieren und Brücken (Studie der Sinus Sociovision GmbH für das BFSFJ). Heidelberg 2010. Download unter https://www.bmfsfj.de/blob/93874/7d4e27d960b7f7d5c52340efc139b662/frauen-in-fuehrungspositionen-deutsch-data.pdf

WOLTER, UTE: „Coaching etabliert sich zunehmend", in: Personalwirtschaft, 28.05.2018; im Internet unter https://www.personalwirtschaft.de/personalentwicklung/coaching/artikel/coaching-liegt-immer-staerker-im-trend.html

WORLD ECONOMIC FORUM: Global Gender Gap Report 2020. Cologny/Geneva 2019; im Internet unter http://www3.weforum.org/docs/WEF_GGGR_2020.pdf

ÜBER DIE AUTORIN
&
ÜBER
MISSION FEMALE

Frederike Probert ist Gründerin und Geschäftsführerin von Mission Female, einem exklusiven Wirtschaftsnetzwerk für Frauen in Führungspositionen.

Davor war sie über 15 Jahre in amerikanischen Medienkonzernen wie u. a. *Yahoo*, *AOL* und *Microsoft* in Führungspositionen tätig. Zudem brachte sie Startups wie z. B. *AppNexus* erfolgreich von den USA nach Zentraleuropa und gründete ihre eigenen Technologieunternehmen in der Digitalbranche. Als Expertin für Technologie- und Gender-Diversity-Themen sowie als Unternehmerin setzte sie sich als eine der wenigen Führungsfrauen in einer absoluten Männerdomäne erfolgreich durch. Auch als Vizepräsidentin des *Bundesverbands der Digitalwirtschaft (BVDW)* war sie für die Gleichstellung von Frauen in der Wirtschaft aktiv und hat der Digitalbranche eine selbstverpflichtende Frauenquote auferlegt.

Mit der Gründung von *Mission Female* verwirklicht Frederike Probert ihre Mission, mehr Vorbilder für eine diverse Arbeitskultur sichtbar zu machen und zu stärken. Sie bringt erfolgreiche Topmanagerinnen aus Wirtschaft, Kultur, Medien, Politik und Wissenschaft in Deutschland, Österreich und der Schweiz persönlich zusammen, damit sie sich gegenseitig aktiv in ihrer Karriere unterstützen.

MEHR UNTER www.missionfemale.com

ÜBER MISSION FEMALE

Frau, fähig, führend – allein im Buddy-Business? Als Topmanage-rinnen müssen wir in der männlich dominierten Arbeitswelt für jeden Erfolg einen Hürdenlauf gewinnen. Statt Einzelkampf kann das Motto nur lauten: #strongertogether!

Female Leader brauchen ein vertrauensvolles Executive Network, um sich gegenseitig zu unterstützen und sich tatkräftig nach ganz oben zu befördern. Unsere Mission ist female: Führungsfrauen aktiv sichtbarer zu machen. Mehr weibliche Vorbilder für steigende Gleichberechtigung und eine heterogene Arbeitskultur – produktiver, innovativer und kreativer.

Sind Sie eine Mission-Female-Frau? Oder ein Unternehmen, das Female Empowerment fördert? Dann lernen Sie unser exklusi-ves Business-Netzwerk kennen. Mit all seinen Vorteilen und Chancen. **#strongertogether – sind Sie dabei?**

Ihre Frederike Probert und das Team von Mission Female

ANMERKUNGEN ZU „DIE GENERATION GOLFPLATZ GEHT, DIE STUNDE DER FRAUEN KOMMT"

[1] 2018 waren es exakt 46 Prozent, vgl. Bundesagentur für Arbeit 2019, S. 7.

[2] Brand eins 3/2015 („Führung in Zahlen").

[3] AllBright Bericht September 2019, S. 5.

[4] Ebd., S. 8.

[5] Bundesagentur für Arbeit 2019, S. 14.

[6] Vgl. https://www.zeit.de/campus/2019-10/geschlechterverhaeltnis-studiengaenge-frauen-maenner-studium-universitaet

[7] Quellen: http://www.sozialpolitik-aktuell.de/tl_files/sozialpolitik-aktuell/_Politikfelder/Arbeitsmarkt/Datensammlung/ PDF-Dateien/abbIV8d.pdf und https://de.statista.com/statistik/daten/studie/38796/umfrage/teilzeitquote-von-maennern-und-frauen-mit-kindern/

[8] Vgl. Weiguny 2015.

[9] Quelle: https://de.statista.com/statistik/daten/studie/182538/umfrage/verteilung-der-geschaeftsfuehrer-nach-altersgruppen/

[10] Quelle: https://www.mittelstand-heute.com/artikel/mittelstand-nachfolger-dringend-gesucht

[11] Vgl. https://www.manpowergroup.de/neuigkeiten/studien-und-research/millennials-im-karriere-marathon/ sowie https://www.bernd-slaghuis.de/karriere-blog/generation-y-null-bock-aufs-chef-sein/

[12] Vgl. z. B. https://www.consulting.de/nachrichten/alle-nachrichten/consulting/fach-wird-zum-fuehrungskraeftemangel/

ANMERKUNGEN ZU TEIL 01 „EINSTIEG. STARK STARTEN: DIE ENGAGIERTE"

[1] Zit. n. Kloepfer 2019.

[2] Zit. n. Dürrholz 2019.

[3] Quelle: Statistisches Bundesamt, zit. n. https://www.zeit.de/campus/2019-10/geschlechterverhaeltnis-studiengaenge-frauen-maenner-studium-universitaet

[4] Zahlen für 2017, Quelle: https://de.statista.com/statistik/daten/studie/249318/umfrage/frauenanteile-an-hochschulen-in-deutschland/

[5] Dürrholz 2019, a.a.O., S. 9.

[6] Vgl. Liermann 2019 und Breuer 2017.

[7] EY Studentenstudie 2018, S. 13.

[8] Sandberg 2013, S. 153.

[9] Ebd., S. 143f.

[10] Zit. n. Nitzsche 2017.

[11] Hein 2017.

[12] Kastein 2019.

[13] Tan/Porzecanski 2018.

[14] Kastein 2019.

[15] Vgl. https://de.statista.com/statistik/daten/studie/933735/umfrage/umfrage-zu-verbreitung-von-sexueller-belaestigung-im-arbeitsumfeld-nach-geschlecht/; https://www.bmfsfj.de/bmfsfj/aktuelles/alle-meldungen/sexuelle-belaestigung-am-arbeitsplatz-betrifft-vor-allem-frauen-/140380; https://de.statista.com/statistik/daten/studie/955156/umfrage/sexuelle-belaestigung-von-frauen-am-arbeitsplatz-in-oesterreich/; https://www.nzz.ch/schweiz/sexuelle-belaestigung-erste-studie-zeigt-das-ausmass-des-problems-ld.1483151

[16] Zum beispiel unter http://www.belustigung.de/maennerfeindlich.html, http://www.zickenpower.eu/viewpage.php?page_id=1 oder https://www.aberwitzig.com/maennerwitze.php

[17] Zit. n. Hoffmann-Palomino et al. (Hrsg.) 2017, S. 334 und S. 15.

[18] Vgl. Rohrmann 2019.

[19] Vgl. Rousseau 2019, S. 16ff.

[20] Vgl. Bohnet 2017, S. 238ff.

[21] Beekhuis 2019, S. 91.

[22] AllBright Bericht September 2018, S. 4.

[23] Bohnet 2016, S. 9.

[24] Vgl. https://www.leadershippsychologyinstitute.com/women-the-leadership-labyrinth-howard-vs-heidi/

[25] Vgl. Bohnet 2016, S. 154ff. und 166ff.

[26] Vgl. Göddertz 2016

[27] Vgl. https://www.spiegel.de/karriere/goldene-runkelruebe-schmaehpreis-fuer-die-schlechtesten-karriereseiten-a-937270.html

[28] Vgl. Rudzio 2014.

[29] Rousseau 2019, S. 175.

[30] Zit. n. Biermann et al. 2018.

[31] Vgl. Geiger 2019 (Interview mit Katharina Borchert).

[32] Quelle: McKinsey 2019.

[33] Quelle: McKinsey 2018

[34] Beispiele dafür sind AirBnB und P&G; vgl. McKinsey 2019.

[35] Vgl. Bohnet 2017, S. 63.

ANMERKUNGEN ZU TEIL 02
„MITTLERES MANAGEMENT. ERFOLGE EINFAHREN: DIE KÄMPFERIN"

[1] Quelle: https://de.statista.com/infografik/15519/frauen-in-fuehrungspositionen-im-eu-vergleich/

[2] Quelle: Frauen im Management (Oktober 2016) Download der Studie unter https://docs.bisnode.de/pdf/Bisnode_Studie-FiM2016_A4_final.pdf

[3] Quelle: McKinsey & Company 2019, S. 4f.

[4] Vgl. die Zusammenstellung von Filmkritiken unter https://de.wikipedia.org/wiki/Das_perfekte_Geheimnis#Kritik

[5] Vgl. https://www.spiegel.de/panorama/leute/maria-furtwaengler-dieses-uniforme-frauenbild-ist-alarmierend-a-1250223.html

6 Vgl. https://www.wiwo.de/erfolg/management/manager-barometer-managerinnen-sind-oft-single-und-meist-kinderlos/14891810.html.

7 Vgl. McKinsey/LeanIn 2018 a.

8 Vgl. bundesweite gründerinnenagentur (bga) 2015, S. 26, 32, 35.

9 Vgl. https://www.franchiseportal.de/definition/existenzgruendung-von-frauen-a-4863

10 Henschel, Jana/Werkmeister, Meike: Sugar Girls. 20 Frauen und ihr Traum vom eigenen Café. München: Callwey Verlag, 5. Aufl. 2018.

11 Vgl. z. B. Catherine Fox: Stop Fixing Women. Sydney: New South Publishing 2017.

12 Vgl. Schmermund 2019.

13 Funken et al. 2013, S. 54 und S. 57.

14 Quelle: https://www.allbright-stiftung.de/bingo

15 Zit. n. Hoffmann-Palomino et al. (Hrsg) 2017, S. 403.

16 Schießl 2019.

17 Köhler 2019, S. 45, 49f., 55, 67, 121.

18 Ebd., S. 9, 35, 48.

19 Vgl. Nitzsche 2019.

20 Vgl. Schaaf 2014.

21 Neuberger 2002, S. 685.

22 Vgl. https://www.manager-magazin.de/fotostrecke/umfrage-wovor-manager-am-meisten-angst-haben-fotostrecke-137416.html

23 Vgl. Rousseau 2019, S. 83.

24 Mai 2019.

25 Vgl. Rousseau 2019, S. 78.

26 Vgl. https://de.wikipedia.org/wiki/Manager_des_Jahres

27 Vgl. Gersemann et. al. 2016.

28 Vgl. https://www.wiwo.de/erfolg/management/fuehrungskraefte-sensibel-anpassungsfaehig-durchsetzungsstark/8478650.html

29 Zit. n. Hoffmann-Palomino et al. (Hrsg.) 2017, S. 5.

30 Assig/Echter 2012, S. 69.

31 Vgl. Stiftung Familienunternehmen (2018), S. 8 und S. 27.

32 Quelle: https://www.spiegel.de/karriere/umstrittene-manager-aussage-koennen-kinder-ein-hobby-sein-a-1000407.html

33 Quelle: https://www.rtl.de/cms/meine-kinder-sind-mein-hobby-warum-ist-diese-aussage-so-umstritten-2104492.html

34 Vgl. Fredmund Malik: Wenn Grenzen keine sind. Management und Bergsteigen. Frankfurt: Campus Verlag 2014, S. 110.

35 Vgl. Wolter 2018.

36 Vgl. Hoffmann-Palomino et al. (Hrsg.) 2017, S. 359.

37 Vgl. https://www.missionfemale.com

38 Zit. n. Schwär/Freytag 2018.

39 Wippermann 2010, S. 45ff.

40 Zit. n.: https://editionf.com/Karriere-Ratschlaege-der-erfolgreichsten-Frauen-der-Welt

41 Löhr 2016.

42 Kunze 2019.

43 Sämtliche Zitate aus Kommentaren zu Löhr 2016 und Kunze 2019.

44 Vgl. Löhr 2016.

45 Vgl. Randstad Pressemitteilung vom 18.09.2015 „Immer mehr Männer fühlen sich im Job diskriminiert";
im Internet unter https://www.presseportal.de/pm/13588/3125430

46 Arenberg 2018.

47 Zu typischen „Frauen-" und „Männerstudiengängen" vgl. eine Auswertung von Zeit Campus vom Oktober 2019,
im Internet unter https://www.zeit.de/campus/2019-10/geschlechterverhaeltnis-studiengaenge-frauen-maenner-
studium-universitaet

48 Zit. n. AllBright Bericht September 2019, S. 13.

49 Vgl. ebd. und https://www.freseniusmedicalcare.com/de/ueber-uns/vorstand/

50 Vgl. AllBright Bericht September 2019, S. 8.

51 Vgl. das in Teil I unter „Was Unternehmen jetzt tun können" / „Konkrete Maßnahmen" vorgestellte „Heidi/
Howard"-Experiment.

52 Bohnet 2017, S. 226ff.

53 In ihrem Buch „Economics, Organization and Management", zit. n. Bohnet 2017, S. 38.

54 Vgl. Bohnet 2017, S. 43f. und S. 49.

55 Vgl. Hoffner 2019.

ANMERKUNGEN ZU TEIL 03 „TOPMANAGEMENT. GRÖSSE ZEIGEN: DIE ERHABENE"

1 Bartz et al. 2020, S. 64ff.

2 Vgl. Bundesministerium für Familie, Senioren, Frauen und Jugend 2014, S. 8 und S. 50f.

3 Quelle: https://www.diw.de/de/diw_01.c.575546.de/presse/glossar/geschlechterquote.html

4 AllBright Bericht September 2019, S. 5.

5 DIW Managerinnen-Barometer 2019, S. 29.

6 AllBright Bericht September 2019, S. 5.

7 Ebd., S. 7.

8 Vgl. AllBright Bericht April 2019, S. 12, und AllBright Bericht September 2019, S. 8.

9 Zit. n. AllBright Bericht September 2018, S. 9.

[10] Edding 2017, S. 25.

[11] Delroy L. Paulhus/Kevin M. Williams: „The Dark Triad of Personality", in: Journal of Research in Personality, 36, 2002, S. 556ff.

[12] Vgl. Hawranek/Kurbjuweit 2013, S. 66.

[13] Zit. n. Jiménez 2015.

[14] Quelle: https://www.wissenschaft.de/gesellschaft-psychologie/viele-manager-leiden-unter-einer-persoenlichkeitsstoerung/#

[15] Vgl. hierzu Schwarzinger 2016.

[16] Zit. n. Gutensohn 2019.

[17] Rousseau 2019, S. 129.

[18] Quelle: https://www.socialnet.de/lexikon/Macht

[19] Werres 2020, S. 92.

[20] Vgl. McKinsey & Company/Lean In 2018, S. 24f. und S. 22.

[21] Vgl. https://www.missionfemale.com

[22] Quelle: https://m-faz-net.cdn.ampproject.org/c/s/m.faz.net/aktuell/karriere-hochschule/buero-co/ey-studie-zum-frauenanteil-im-top-management-16574113.amp.html

[23] Vgl. AllBright Bericht September 2019, S. 10 und S. 6.

[24] Köhler 2019, S. 33, 45ff.

[25] Dehner 2017.

[26] Beide zit. n. Freitag et al. 2017.

[27] Dehner 2017.

[28] Vgl. Buchhorn 2020, S. 89.

[29] Bund et al. 2019.

[30] Vgl. Janisch 2019.

[31] Quelle: https://t3n.de/news/elon-musk-tesla-twitter-aerger-mit-boersenaufsicht-tweet-1146546/

[32] Zit. n. Pieper/Kollenbroich 2020, S. 85.

[33] Niermeyer 2008, S. 48 und S. 52ff.

[34] Hering Schuppener (Hrsg.) 2020, S. 6f., 12, 46 und 50.

[35] Kremer/Meck 2020

[36] Goeudevert 1996, S. 180.

[37] Zit. n. Pieper/Kollenbroich 2020, S. 84 und S. 85.

[38] Greene 2006, S. 7ff.

[39] Vgl. Weiguny 2015.

[40] Vgl. Bund 2014.

[41] Weiguny 2015.

[42] Zit. n. Bund 2014.

[43] Vgl. ebd.

[44] Vgl. https://www.faz.net/aktuell/karriere-hochschule/buero-co/headhunter-heiner-thorborg-eine-frauenquote-ist-unsinnig-16647261.html

[45] Quelle: AllBright Bericht September 2019, S. 6.

[46] Vgl. Buchhorn 2020, S. 91.

[47] Zit. n. Edding 2017, S. 67.

[48] Ebd., S. 66.

[49] Tannen 1991, S. 79.

[50] Vgl. Edding 2017, S. 70

[51] Vgl. https://www.karriere.de/basf-vorstand-suckale-die-vorstandsfrau-des-jahrhunderts/23041428.html und https://www.telekom.com/de/konzern/aufsichtsrat/aufsichtsratsausschuesse/margret-suckale-505426

[52] Balzer/Gatermann 2014.

[53] Edding 2017, S. 40.

[54] Vgl. Hagelüken 2019 und Rövekamp 2019.

[55] Vgl. https://www.wiwo.de/erfolg/management/frauenquote-dax-konzerne-suchen-den-mann-im-rock/12258626-all.html

[56] Vgl. https://www.wiwo.de/erfolg/frauen-in-vorstaenden-frauen-koennen-mehr-als-kummerkasten-tante/14557536.html

[57] Vgl. Manager Magazin Januar 2020, S. 101ff.

[58] Laudenbach 2015.

[59] Vgl. https://psychology.exeter.ac.uk/impact/theglasscliff/

[60] Zit. n. Werner 2019.

[61] AllBright Bericht April 2019, S. 9.

[62] Zit. n. Buchhorn 2020, S. 89.

[63] Vgl. https://www.faz.net/aktuell/karriere-hochschule/buero-co/giffey-fordert-frauenquote-fuer-vorstaende-grosser-unternehmen-16638462.html

[64] Vgl. https://www.tagesspiegel.de/wirtschaft/zu-weiss-zu-deutsch-zu-maennlich/1474714.html

[65] Vgl. https://www.handelsblatt.com/unternehmen/management/vordenker/interview-vordenker-richy-ugwu-vorstandsetagen-sind-immer-noch-zu-weiss-zu-alt-und-zu-maennlich/24390552.html

[66] Kontio 2019.

[67] Zit. n. Schröder 2019.

[68] Vgl. https://www.kiongroup.com/de/

[69] AllBright Bericht September 2019, S. 5.

[70] Vgl. Hünninghaus 2018.

PERSONENVERZEICHNIS

BILDNACHWEISE

Anna Alex	© Anna Alex
Antje Neubauer	© Antje Neubauer
Dorothee Bär	© Tobias Koch
Frederike Probert	© Franz Grünewald
Gaby Gaßmann	© Gaby Gaßmann
Gräfin Maria von Scheel-Plessen	© Markus Kehl Deteuple
Jan Ising	© Jan Ising
Katarzyna Mol-Wolf	© Caren Detje
Manuela Rousseau	© Manuela Rousseau
Marianne Stroehmann	© Marianne Stroehmann
Petra von Strombeck	© New Work SE
Philip Missler	© Pinterest
Ralf Belusa	© Ralf Belusa
Stefanie Kuhnhen	© Grabarz + Partner
Susanne Aigner	© Discovery Networks
Tina Müller	© Douglas
Wybcke Meier	© Wybcke Meier